QGIS 遥感应用丛书

第三册

QGIS 国土规划应用

Nicolas Baghdadi
〔法〕 Clément Mallet 编
Mehrez Zribi

陈长林　贾俊涛　邓跃进

张殿君　刘呈理　刘旻喆　译

WILEY

科学出版社

北　京

图字号：01-2020-5321

内 容 简 介

地理信息系统在国土规划领域的应用广泛而深入。本书展示了 QGIS 在国土规划领域应用的案例，包括全球土地利用效率估算、城市气候模拟、城市环境水池制图、风电场安装选址、生态系统服务评估、景观生物多样性影响评估等。本书详细介绍了每个应用案例的数据来源、方法和 QGIS 操作步骤，为读者提供了使用 QGIS 解决实际应用问题的思路和方法。

本书可作为地理信息工程专业的教材，也适合于需要使用 QGIS 软件开发空间和非空间应用的读者。

图书在版编目（CIP）数据

QGIS 国土规划应用/（法）尼古拉斯·巴格达迪（Nicolas Baghdadi）等编；陈长林等译. —北京：科学出版社，2020.10

（QGIS 遥感应用丛书. 第三册）

书名原文：QGIS and Applications in Territorial Planning

ISBN 978-7-03-066225-5

Ⅰ. ①Q… Ⅱ. ①尼… ②陈… Ⅲ. ①国土规划－遥感图像－影像处理软件 Ⅳ. ①TU98-39

中国版本图书馆 CIP 数据核字（2020）第 179665 号

责任编辑：杨明春 韩 鹏 陈姣姣 / 责任校对：王 端
责任印制：吴兆东 / 封面设计：图阅盛世

斜 学 出 版 社 出版

北京东黄城根北街 16 号
邮政编码：100717
http://www.sciencep.com

北京建宏印刷有限公司 印刷
科学出版社发行 各地新华书店经销

*

2020 年 10 月第 一 版 开本：720×1000 B5
2020 年 12 月第二次印刷 印张：14
字数：282 000

定价：118.00 元
（如有印装质量问题，我社负责调换）

译　者　序

"站在巨人的肩膀上"

认知世界是人类生存和发展的基本前提。过去，人们通过脚步丈量世界；现在，人们可以遥知世界。遥感卫星无疑扩展了人类的眼界，各类遥感信息的提取与应用不断丰富着人们对世界的认知。随着经济社会的飞速发展，山水林田湖与城市景观等自然和人文地理要素变化日新月异，通过遥感手段进行环境监测、分析与应用的需求越来越多。"工欲善其事，必先利其器"，说到遥感科学研究与应用，大多数业内人士想到的可能是 ENVI/IDL 和 ERDAS IMAGINE 等商业软件。这些商业软件虽然功能强大，但是运行环境要求高，售价不菲，在一定程度上限制了遥感科学研究的探索与试验，也不利于促进遥感应用向大众化和社会化方向发展。

我长期从事地理信息系统（GIS）平台研发工作，早在 2006 年就已开始密切关注并着手研究各类开源 GIS，一方面跟踪前沿技术动态，另一方面汲取 GIS 软件设计与开发的经验。早期的开源 GIS 无法与商业 GIS 较量，但是近些年来，随着开源文化的日益盛行，开源 GIS 领域不断涌现出一些先进成果，如 OpenLayers、Cesium、OSGEarth 等，这些优秀成果或多或少被当今各类商业 GIS 所采用、借鉴或兼容。QGIS 是目前国际上功能最强大的开源免费桌面型 GIS，具备跨平台、易扩展、使用简便、稳定性好等优点，在常规应用上可以替代 ArcGIS，已经得到越来越多用户的认可。

2019 年我正酝酿着编写《QGIS 桌面地理信息系统应用与开发指南》，旨在阐述 QGIS 设计架构和应用案例。当我查阅到 QGIS IN REMOTE SENSING SET 这套丛书时，意外地发现原来 QGIS 不仅仅可以作为通用 GIS 平台，还可以在遥感应用领域大显身手，更难得的是，这套书有机融合了案例、数据、数学模型、工具使用等多方面内容，正好契合我的想法。为了尽快推进 QGIS 在国内应用，我随即将编著计划延后，召集相关单位人员组成编译成员组，优先启动了译著出版计划。不过，好事多磨，从启动计划到翻译完成，足足花费了一年半时间，中间还出现过不少小插曲。幸好，团队成员齐心协力克服种种困难，终于让译著顺利面世。

本套译著共分四册，涵盖了众多应用案例，包括疫情分布制图、土壤湿度反演、热成像分解、植被地貌制图、城市气候模拟、风电场选址、生态系统评估、生物多样性影响、沿岸水深反演、水库水文监测、网络分析、灾害分析等。全书由海军研究院、火箭军研究院、战略支援部队信息工程大学、武汉大学、天津大学、厦门理工学院等六个单位共同完成。其中，我和贾俊涛高级工程师负责协调组织，完成部分翻译并对全书进行统稿审校，四册书参与人员如下。

（1）第一册《QGIS 和通用工具》：陈长林高级工程师、邓跃进副教授、满旺副教授、魏海平教授、刘旻喆同学、涂思仪同学。

（2）第二册《QGIS 农林业应用》：陈长林高级工程师、贾俊涛高级工程师、邓跃进副教授、陈换新工程师、涂思仪同学。

（3）第三册《QGIS 国土规划应用》：陈长林高级工程师、贾俊涛高级工程师、邓跃进副教授、张殿君讲师、刘呈理同学、刘旻喆同学。

（4）第四册《QGIS 水利和灾害应用》：陈长林高级工程师、贾俊涛高级工程师、邓跃进副教授、王星讲师、龚天昱同学。

战略支援部队信息工程大学的郭宏伟和于靖宇两位同学，武汉大学的龚婧、李颖、余佩玉、陈发、孟浩翔等同学，参与了文字规范和查缺补漏工作，在此表示感谢。

本书内容专业性较强，适合作为地理信息科学研究、应用开发与中高级教学的参考用书。翻译此书不但需要扎实的专业知识以准确理解原文，而且需要字斟句酌反复推敲才能准确用词。由于我们知识水平有限，译著中难免有疏漏或翻译欠妥之处，敬请读者不吝赐教。

陈长林

前　言

国土规划相关的科学和技术问题早已与地理表征软件给出的研究结果紧密相连。软件是项目上游与下游通信的关键元素，用于与相关基础设施有关的公共和私人参与者的设计、咨询或调解阶段。因此，在过去的 15 年中，GIS 在所有国土规划相关应用与研究中占据了核心位置。随着工具、利益相关者（地理信息学家、用户、决策者或科学家）、数据和参考资料的逐渐增加，人们的注意力已经从软件的制图功能逐渐转变到越来越高级的分析、模拟和诊断功能。同时，人们也关注所有的空间尺度，从极小到极大，从欧洲尺度的土地利用到本地城市规划图。

第三册专门介绍 QGIS（Quantum Geographic Information System）及其库在国土规划应用中的实现。本书各章展示了大量研究案例及其空间尺度和参与者的多样性：从全球尺度到城市层面，从量身定制的特定对象检测到更广泛的基础设施位置研究，应用范围包括城市和农林业环境，以及沿海地区。

这项工作由高技术水平的科学家完成，面向地理信息研究团队、高年级学生（如硕士研究生和博士研究生），以及参与水土资源管理的工程师。除了各章节的文字之外，读者还可以获得数据、工具以及 QGIS 窗口的屏幕截图，它们说明了执行每个应用程序所有步骤的操作过程。通过这项示教性的工作，我们希望促进QGIS 和免费 GIS 软件及遥感应用程序在国土规划应用中的发展。

各章的补充资料，包括数据源影像、训练和验证数据、辅助信息和说明各章实际应用的屏幕截图，可通过以下途径获得。

使用浏览器：ftp：193.49.41.230；

使用 FileZilla 客户端：193.49.41.230；

用户名：vol3_en；

密码：34voL @ zh-CN3。

我们感谢每一位为本书出版做出贡献的人，包括每一章的作者，以及为每一章提供实验、修正反馈的阅读委员会的专家。本书的出版得到法国环境与农业科技研究院（French National Research Institute of Science and Technology for the Environment and Agriculture，IRSTEA）、法国国家科研中心（French National Center for Scientific Research，CNRS）、法国国家地理和森林信息研究所（National Institute of Geographic and Forest Information，IGN）和法国国家空间研究中心（French National Center for Space Studies，CNES）的支持。

　　我们非常感谢空中客车防务与航天公司、CNES 和法国科学设备专项计划项目"法国领土卫星全覆盖"（Equipex Geosud）提供的 SPOT-5/6/7 影像。需要注意的是，这些影像只能用于科学研究和训练框架，任何基于本书数据进行的商业活动都是严格禁止的。

　　我们也要感谢家人的支持，感谢 Andre Mariotti（皮埃尔和玛丽居里大学名誉教授）和 Pierrick Givone（IRSTEA 院长）的鼓励和支持，使本书得以出版。

Nicolas Baghdadi

Clément Mallet

Mehrez Zribi

尼古拉斯·巴格达迪

克莱芒特·马利特

迈赫雷兹·兹里布

目　　录

1

自动化图集设计和实现

Boris Mericskay

1.1　从地图到地图集

　　鉴于空间数据繁多，自动化工作流程在 GIS 环境（图形建模、编程）中变得越来越重要。除数据处理（几何、拓扑、属性、分析）外，自动化还可以用于符号或布局，加快地图设计和发布。

　　在发布印刷地图或在线地图时，通常需要使用相同的模板为每个行政单位或区域创建大量地图。随着打印编制的发展，GIS 软件提供了越来越多的布局功能，尤其是用于创建地图集的功能，可以在模板中汇编有序地图和信息。与孤立的地图不同，地图集通过组合不同比例的地图、图形或文字元素，为读者提供更深入的空间和主题表达。

　　依据标准化模板进行地图和图例自动化，不仅可以节省地图生成时间，还可以通过布局匀质化实现更高的图形一致性。这对于制图文档出版中图形图式设置尤其重要。本章探索几种生成新图例的方法和工具，并使用 QGIS 软件实现匀质的、原创的和具有特定风格的地图集。

1.2　地图和图例自动化

　　本章的目的是使用 QGIS 自动制作科西嘉岛（Corsica）地区由地图和图例组成的地图集（图 1.1）。通过使用市政级别的数据集（如人口普查、农业普查），并使用几种空间分析工具，可以计算出描述这些新地域的关键指标（图 1.2）。不同地图与关键图表的组合为读者提供了更多的互补性元素（包含统计信息和地图）。

1

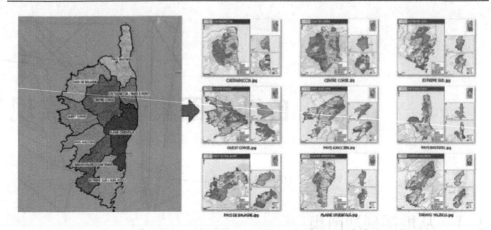

图 1.1　科西嘉岛地区地图集

该图的彩色版本参见 www.iste.co.uk/baghdadi/qgis3.zip, 2020.10.15

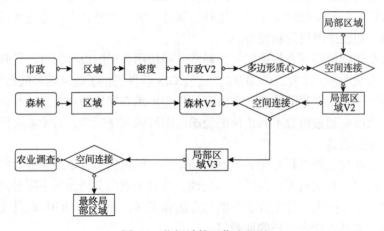

图 1.2　指标计算工作流程图

　　该地图集的制作包括自动生成地图和一些创建图例的流程。图 1.3 说明了使用 QGIS 制作地图集的处理步骤。为了便于阅读，从概念构想到地图集发布的处理步骤分为以下五个主要阶段：

　　（1）地图集模板设计；

　　（2）数据准备和图例创建；

　　（3）QGIS 环境中的地图集制作；

　　（4）地图集打印编制；

　　（5）地图集出版。

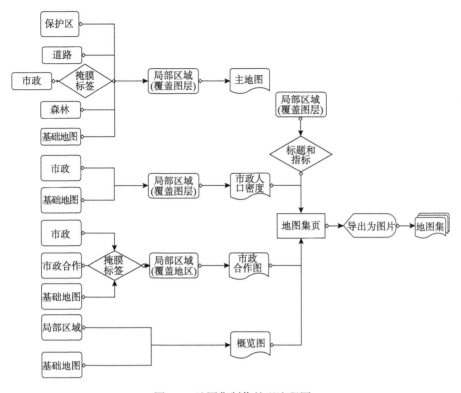

图 1.3　地图集制作处理流程图

1.2.1　地图集模板设计

这一步是设计地图集模板（图元和布局），其中图元设计取决于地图集的用途（通信、决策或分析）。

本章设计了一个科西嘉岛地区的地图集模板，包括 7 个图元，如图 1.4 所示：

（1）主地图（市政、主要道路、保护区、森林）；

（2）市政人口密度图；

（3）城际合作图；

（4）总览图；

（5）地区名称；

（6）徽标；

（7）图例。

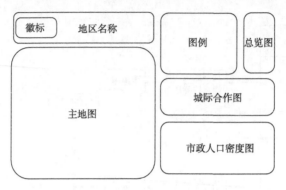

图 1.4 地图集模板

1.2.2 数据准备和图例创建

这一步是准备数据集（包含重投影、转换）并为地图集创建图例。本节的目的是为新建的图例添加基本统计和衍生统计数据（公社数量、人口、森林面积、农场数量等）相关的地图集叠加图层。

数据集使用了不同的坐标参考系统（CRS）——WGS 84 和 Lambert 93。为便于处理，需要协调空间数据集的 CRS，统一使用 Lambert 93 投影作为项目所有图层的参考坐标系统。

> QGIS 功能如下。
> - 重投影图层：QGIS geoalgorithms → Vector general tools

1.2.2.1 计算基本统计数据

市政图层：计算市政人口密度。

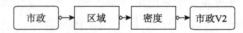

森林图层：计算森林面积。

> QGIS 功能如下。
> - Field Calculator（字段计算器）

1.2.2.2 汇总本地区范围的市政数据

这一步是通过汇总本地区范围内市政数据来更改分析范围。为了进行数据转换，需要使用空间连接①，以便根据空间对象拓扑关系（相交、内部、包含）将属性从一个图层关联到另一个图层并进行汇总。空间连接基于要素的相对空间位置匹配连接要素和目标要素记录。

为将公共图层属性与项目地域属性进行空间连接，需要谨慎处理对象拓扑关系。事实上，决定连接质量的拓扑一致性并非总是符合要求。如图 1.5 所示，市政边界与项目边界的拓扑一致性不吻合。

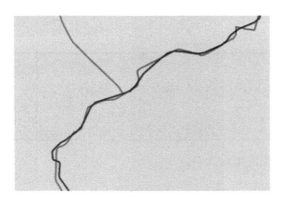

图 1.5　市政边界与项目区域边界的拓扑错误示例

这种拓扑不一致的情况可以通过转换其中一个图层的几何特征来解决，更确切地说是可以使用多边形质心进行空间连接（图 1.6）。

图 1.6　基于质心的多边形空间连接
该图的彩色版本参见 www.iste.co.uk/baghdadi/qgis3.zip, 2020.10.15

我们必须谨慎处理以点表示的多边形的几何变换。如图 1.7 所示，圣弗洛朗市（Saint-Florent）的质心位于该地区外围，因此需要替换项目地域边界内的质心，以免导致空间交叉。

---

① 根据空间关系连接一个要素的属性到另一个要素。目标要素和来自连接要素的被连接属性写入到输出要素类中。

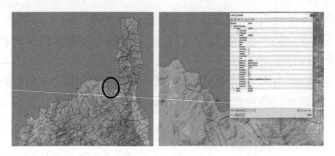

图 1.7 转换后出现的拓扑错误示例

QGIS 功能如下。
- 多边形质心：QGIS geoalgorithms → Vector geometry tools OR SAGA → Vector polygon tools
- 移动要素：Digitizing toolbar

汇总本地区范围的市政人口：

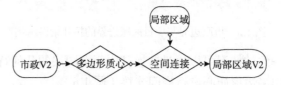

汇总本地区范围的森林面积：

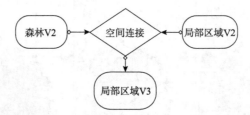

汇总本地区范围的农业普查数据：

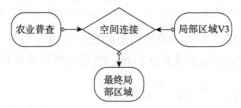

实现不同的空间连接后，需要计算项目地域的面积。地图集覆盖图层（最终的当地区域）会包含一系列新字段，这些字段之后还将被使用。为了便于创建地图集，尤其是创建动态显示的图例，建议删除不必要的字段并重命名将要使用的

字段，清理最终的当地区域图层属性表（图 1.8）。

	objectid_1	pays	Nb commune	Population	Surface TP	Sup foret	Nb exploit	Sup Agrico	Cheptel
1	1.00000	PAYS DE BALAGNE	36	22823	957.38	309	345	21395	13092
2	2.00000	CASTAGNICCIA / MARE E MONTI	59	20451	378.87	19	320	10036	6547
3	3.00000	CENTRE CORSE	56	16306	1347.73	422	347	32403	18519
4	4.00000	EXTREME SUD / ALTA ROCCA	21	25439	1065.14	263	247	12799	6672
5	5.00000	OUEST CORSE	33	7596	923.22	248	189	18318	8304
6	6.00000	PAYS AJACCIEN	25	98273	859.31	207	256	12358	6910
7	7.00000	PAYS BASTIAIS	53	93124	967.04	13	342	18588	10395
8	8.00000	PLAINE ORIENTALE	34	20791	1224.57	302	471	23325	12047
9	9.00000	TARAVO/VALINCO/SARTENAIS	43	15405	1036.49	264	293	18682	9214

图 1.8　属性表清理后的最终当地区域图层属性表

QGIS 功能如下。
- 空间连接：QGIS geoalgorithms → Vector general tools → Join attributes by location
- 属性表清理：Fields calculator → Erase field

1.2.3　在 QGIS 项目中制作地图集

准备好数据后应进行格式化，其目的是通过一系列技巧优化数据格式，设置生成美观的、直观的和原创的地图，以集成到地图集画板中（配置地图集覆盖图层，基于规则的显示，使用掩膜，自定义标签）。

1.2.3.1　配置地图集覆盖图层

这一步是配置地图集覆盖图层（图 1.9）。地图集将基于此图层的对象进行地图自动化。定义图层参数时，需要使用过滤器@atlas_featureid=$id 为覆盖图层加上规则样式。

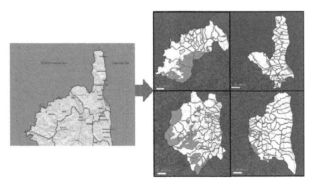

图 1.9　地图集覆盖图层原理
该图的彩色版本参见 www.iste.co.uk/baghdadi/qgis3.zip, 2020.10.15

还可以通过使用"倒置多边形"（Inverted polygon）类型的符号，将图形级别的重点放在选择的项目地域上。它们必须基于一定的规则（样式），并需要包含以下规则（样式）。

QGIS 功能如下。
- 基于规则的样式：Layer properties → Style → Rule
- 倒置多边形样式：Layer properties → Style → Inverted polygon

1.2.3.2 设计主地图

主地图通过联合参考数据与多余环境保护相关数据来表示当地区域（图 1.10）：

（1）当地区域；

（2）带有标签（名称）的市政区；

（3）主要道路；

（4）森林；

（5）环境保护区（ZNIEFF）；

（6）底图。

本节的目的是将几种数据表达模式组合起来，从而以自动方式（地图集过滤器、倒置多边形和标签掩膜）获得美观、清晰且定制的地图。

底图选择是地图设计的重要步骤。通过使用类似 WMS（Web 地图服务）的 Web 服务，可以选择各种各样的底图集成到 QGIS 中。除了街道或影像等经典底

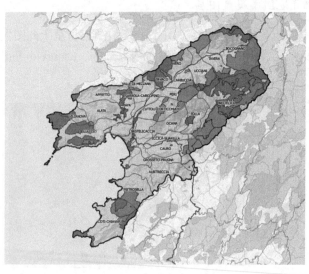

图 1.10　主地图布局示例

该图的彩色版本参见 www.iste.co.uk/baghdadi/qgis3.zip, 2020.10.15

图外，还可以使用更多简约抽象的或定制的底图作为适应性底图。在 QGIS 中，风格个性化并使用原始底图的最佳服务选择是 Mapbox（https://www.mapbox.com，2020.10.15）。用户可通过 Mapbox 使用来自 OpenStreetMap 的数据快速创建自己的底图，并使用 WMTS 将其显示在 QGIS 中。

配置图层布局、底图和标签显示后，可以使用掩膜扩展插件，通过该插件可以仅显示选中的当地区域市政标签。

QGIS 功能如下。
- 符号：Layer properties → Style
- 采用 OpenLayers 插件或 QuickMaps 服务添加网络底图
- 使用掩膜扩展插件，仅显示指定标签
- 倒置多边形：Layer properties → Style
- 原始底图：WMTS 连接

1.2.3.3 市政人口密度图

这一步的目的是设计一幅表示市政人口密度的地图（图 1.11）。为此需要在图层管理器中复制该图层，以便选择符号颜色表示不同的值。

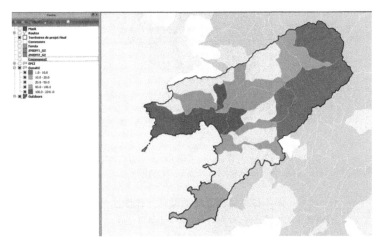

图 1.11 市政人口密度图示例

该图的彩色版本参见 www.iste.co.uk/baghdadi/qgis3.zip，2020.10.15

分类步骤特别重要，需要地图设计者根据实际工作认真完成。事实上，地图设计者应该谨慎使用 GIS 软件中提供的不同的自动离散化方法，因为它们相关性不大。

分类结果的优劣与所选类别数量和数据分类方法两个因素有关。有经验的制图师会运用数值直方图和统计序列的基本统计信息（平均值、标准差、最小值和最大值）来确定类别数量。通常，地图制作者使用一种类型的数据分类方法来制作自己特有的合成地图。每种数据分类方法对读者的影响都不同。

> QGIS 功能如下。
> - 符号：Layer properties → Style → Graduated
> - 分类：分布直方图、统计（扩展插件）、数字域基本统计

1.2.3.4 城际合作图

这一步的目的是制作表示科西嘉岛各种城际合作的地图（图 1.12）。除了应用分类符号外，还须配置城际合作名称的标签显示（更新掩膜扩展插件，对城际合作图层进行标签掩膜）。为了完成地图制作，需要复制城际合作图层并使用适当的格式（如未填充的空白轮廓）。

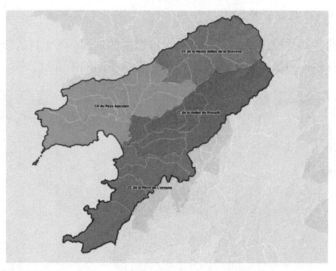

图 1.12　科西嘉岛的城际合作图示例

该图的彩色版本参见 www.iste.co.uk/baghdadi/qgis3.zip, 2020.10.15

> QGIS 功能如下。
> - 符号工具：Layer properties
> - 掩膜扩展插件，仅显示选择的项目地域标签

1.2.3.5 总览图

这一步的目的是生成一幅总览图，以便在科西嘉岛范围内定位地图集面板上

的项目版图。为此需要复制项目版图图层并应用简单的符号。

1.2.4 打印编制地图集

1.2.4.1 地图集配置和编制

打印编制地图集的第一步是配置和生成地图集。为此,用户必须激活地图集功能,定义覆盖图层并配置主地图(包括尺寸、位置、框架、比例尺、图例、指北针和来源)。地图制作完成后,必须在地图属性中锁定图层及其样式(图 1.13)。

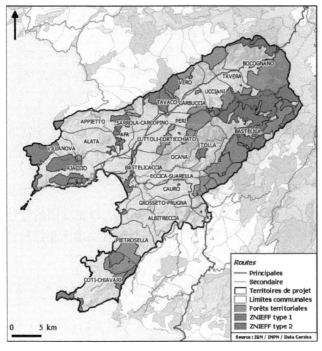

图 1.13 将主地图添加到地图集模板

该图的彩色版本参见 www.iste.co.uk/baghdadi/qgis3.zip, 2020.10.15

1.2.4.2 添加动态项

在这一步中需要在地图集页面上添加一系列动态项(如标题和图例)(图 1.14),它们将根据地图集页面进行更新:

(1)标题(基于当地区域图层的 PAYS 字段);

(2)图例(基于前面计算和汇总的字段),使用图表形式进行信息图形化渲染。

11

图 1.14　将标题和图例添加到地图集模板

该图的彩色版本参见 www.iste.co.uk/baghdadi/qgis3.zip, 2020.10.15

1.2.4.3　添加静态项

这一步的目的是通过添加静态项（如徽标或微缩图片）丰富地图集页面，不管地图集页面如何变化，静态项始终不变。

1.2.4.4　添加市政人口密度图

这一步的目的是激活 QGIS 项目中用于市政人口密度图的符号，然后添加地图图例、比例尺和来源（图 1.15）。此外还需要配置由地图集控制的参数。制作地图完成后，应在地图属性中锁定图层及其样式。

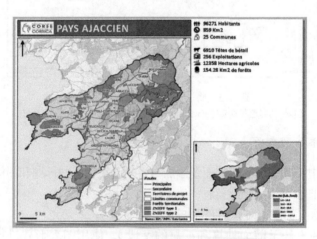

图 1.15　将市政人口密度图添加到地图集模板

该图的彩色版本参见 www.iste.co.uk/baghdadi/qgis3.zip, 2020.10.15

1.2.4.5 添加城际合作图

这一步的目的是激活 QGIS 项目中用于城际合作图的符号（图 1.16）。接下来，在打印编制中配置地图，然后添加比例尺和来源。制作地图完成后，应在地图属性中锁定图层及其样式。

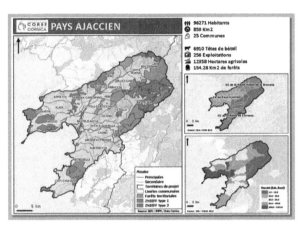

图 1.16 将城际合作图添加到地图集模板

该图的彩色版本参见 www.iste.co.uk/baghdadi/qgis3.zip, 2020.10.15

1.2.4.6 添加总览图

首先激活 QGIS 项目中的当地区域图层，并使用基本符号。将地图添加到编辑器并将其配置为预览地图（图 1.17）。地图格式化完成后，建议在地图属性中锁定图层及其样式。

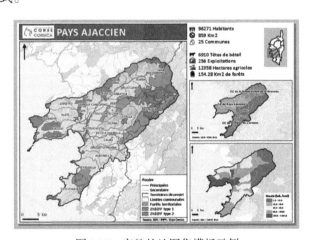

图 1.17 完整的地图集模板示例

该图的彩色版本参见 www.iste.co.uk/baghdadi/qgis3.zip, 2020.10.15

1.2.5 地图集发布

配置完成模板的不同结构元素后，可以通过启动地图自动化发布地图集（如图片、svg 或 pdf）。地图集（Atlas）工具将遍历覆盖图层的每个要素，并根据创建的模板创建单独的地图图像（图 1.18）。该过程完成后，可以在目录中查看该图像。

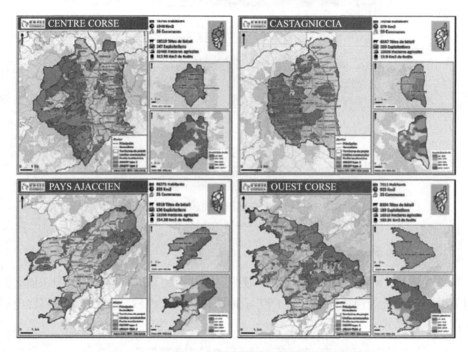

图 1.18　地图集页面概览

该图的彩色版本参见 www.iste.co.uk/baghdadi/qgis3.zip, 2020.10.15

1.3　应用程序实现

1.3.1　软件和数据

1.3.1.1　软件要求

本章在处理过程中运用了 QGIS 软件（版本 2.18）的基本功能。此外，用户还需要安装指定的扩展插件来执行处理链，扩展插件包括 Group Stats、Mask、OpenLayers Plugin、mmqgis（图 1.19）。

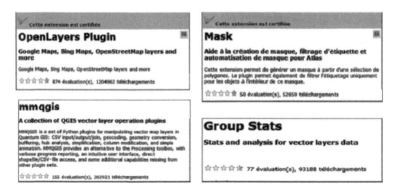

图 1.19　QGIS 扩展插件

1.3.1.2　数据

本章数据来源于不同组织[科西嘉岛、法国国家地理研究院（IGN）、OpenStreetMap（OSM）]发布的 8 个开放数据集（表 1.1）。

表 1.1　数据摘要

图层名称	来源	年份	坐标参考系统（CRS）
Municipalities	IGN	2016	2154
Intermunicipal cooperations	OSM	2016	4326
Local regions	Opendata	2017	4326
Main roads	IGN	2017	2154
Agricultural census	Opendata Corsica	2010	4326
ZNIEFF type 1	INPN	2016	2154
ZNIEFF type 2	INPN	2016	2154
Forest	Opendata Corsica	2017	4326

下面是一些参考数据的下载链接：

1）市政图层

图层名称：GEOFLA®2016 v2.2 Communes France Métropolitaine。

网址：http://professionnels.ign.fr/geofla, 2020.10.15。

2）城际合作图层

图层名称：Contours des EPCI 2015（simplifié à 100 m）。

网址：https://www.data.gouv.fr/fr/datasets/contours-des-epci-2015, 2020.10.15。

3）当地区域

图层名称：Territoires de projet de la Collectivité Territoriale de Corse。

网址：https://www.data.corsica/explore/dataset/territoires-de-projet-de-la-collectiviteterritoriale-de-corse/export, 2020.10.15。

4）主要道路图层

图层名称：ROUTE120®。

网址：http://professionnels.ign.fr/route120, 2020.10.15。

以下是下载专题数据的链接：

5）农业普查图层

图层名称：Recensements Agricoles par communes (1988, 2000 and 2010)。

网址：https://www.data.corsica/explore/dataset/recensementagricole/export, 2020.10.15。

6）ZNIEFF 类型 1

图层名称：Zones Naturelles d'Intérêt Ecologique Faunistique et Floristique de type 1。

网址：https://inpn.mnhn.fr/telechargement/cartes-et-information-geographique/inv/znieff1, 2020.10.15。

7）ZNIEFF 类型 2

图层名称：Zones Naturelles d'Intérêt Ecologique Faunistique et Floristique de type。

网址：https://inpn.mnhn.fr/telechargement/cartes-et-information-geographique/inv/znieff2, 2020.10.15。

8）森林

图层名称：Forêts de Corse。

网址：https://www.data.corsica/explore/dataset/forets-de-corse/export, 2020.10.15。

1.3.2 数据准备和图例创建

1.3.2.1 计算市政人口密度

计算 Municipalities 图层人口密度的步骤见表 1.2。

表 1.2 计算 Municipalities 图层人口密度的步骤

步骤	QGIS 操作
1. 选择科西嘉岛市政	在 QGIS 中： 打开属性表。 在 Select by expression 中： 输入表达式： "NOM_REG"='CORSE' 在属性表中： （1）反向选择； （2）切换到编辑模式；

步骤	QGIS 操作
1. 选择科西嘉岛市政	（3）删除所选要素； （4）停止编辑模式并保存。
2. 计算市政人口密度	在 Field calculator 中： 创建新的字段 AREA，输入表达式 $Area / 1000000，其中 $area 函数用于计算市政面积。 在 Field calculator 中： 创建新字段 Density，使用表达式 Population/AREA 计算市政人口密度。

1.3.2.2　计算森林面积

计算森林面积的步骤见表 1.3。

表 1.3　计算森林面积的步骤

步骤	QGIS 操作
计算森林面积	在 Field calculator 中： 创建新字段 AREA，使用表达式 $Area / 1000000 计算森林面积。

1.3.2.3　汇总当地的市政数据

1. 汇总当地市政图层的数据（人口和辖区数量）

汇总人口数据的步骤见表 1.4。

表 1.4　汇总人口数据的步骤

步骤	QGIS 操作
1. 创建多边形质心	在 QGIS 中： （1）Vector → Geometry tools → Polygon centroids； （2）为便于进行空间连接，建议用户创建一个新字段（整数类型），其值由列 POPULATION → Field Calculator 计算。
2. 重投影当地区域图层	以 CRS 2154（Lambert 93）为坐标系统保存矢量图层。

步骤	QGIS 操作
	Vector → Data Management Tools → Join attributes by location。 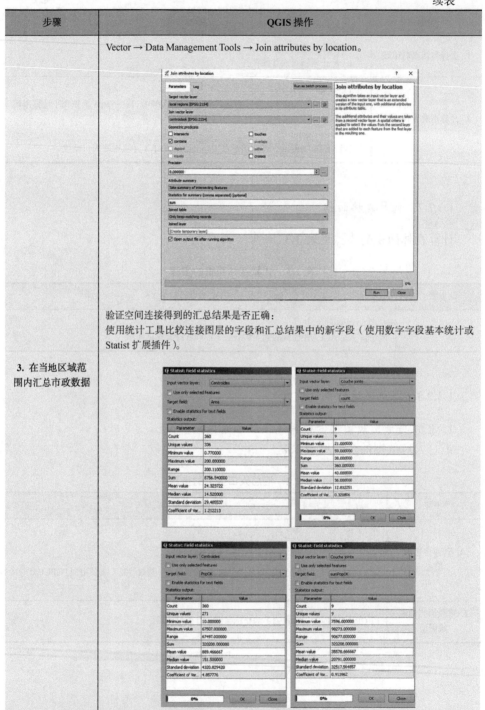 验证空间连接得到的汇总结果是否正确： 使用统计工具比较连接图层的字段和汇总结果中的新字段（使用数字字段基本统计或 Statist 扩展插件）。
3. 在当地区域范围内汇总市政数据	

2. 汇总当地范围内的森林面积

汇总森林数据的步骤见表 1.5。

表 1.5　汇总森林数据的步骤

步骤	QGIS 操作
1. 重投影森林图层	在 QGIS 中： 以 CRS 2154（Lambert 93）为坐标系统保存矢量图层。
2. 创建多边形质心	Vector → Geometry tools → Polygon centroids。
3. 汇总当地区域范围的数据	Vector → Data Management Tools → Join attributes by location。 其他可用工具： 扩展插件 MMQGIS → Combine → Spatial Join。 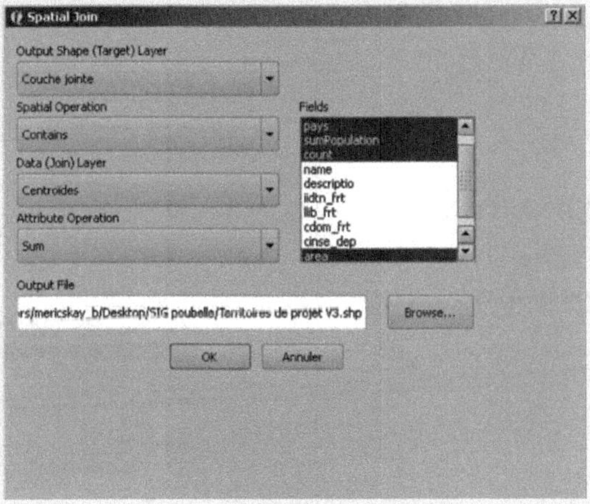

3. 汇总农业普查图层的数据

汇总农业普查数据的步骤见表 1.6。

表 1.6　汇总农业普查数据的步骤

步骤	QGIS 操作
1. 仅保留 2010 年的农业普查数据	在 QGIS 中： 打开属性表▣。 在属性选择器中： 输入表达式： "annee"='2010' 在属性表中： （1）反向选择； （2）切换到编辑模式； （3）删除所选要素； （4）停止编辑模式并保存。

续表

步骤	QGIS 操作
2. 重投影农业普查图层	以 CRS 2154（Lambert 93）为坐标系统保存矢量图层。
3. 汇总当地区域范围的数据	Vector → Data Management Tools → Join attributes by location。 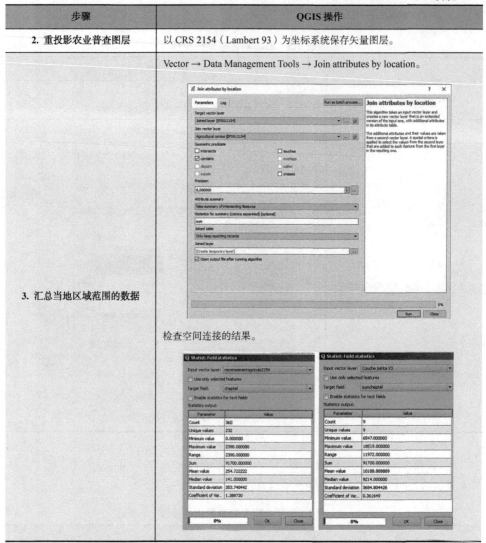 检查空间连接的结果。

4. 计算当地区域的面积并清理属性表

计算当地区域面积并清理属性表见表 1.7。

表 1.7　计算当地区域面积并清理属性表

步骤	QGIS 操作
1. 计算当地区域面积	在 Field calculator 中： 创建新字段 AREA，使用表达式$area / 1000000，其中$area 函数用于计算市政面积。

续表

步骤	QGIS 操作
2. 清理属性表	在属性表中： （1）切换到编辑模式； （2）删除不必要的字段▦； （3）使用 Field calculator 重命名字段▦。

1.3.2.4　准备城际合作图层

准备城际合作图层的步骤见表 1.8。

表 1.8　准备城际合作图层的步骤

步骤	QGIS 操作
1. 重投影城际合作图层	在 QGIS 中： 以 CRS 2154（Lambert 93）为坐标系统保存矢量图层。
2. 仅保留科西嘉岛的城际合作图层	在 QGIS 中： （1）Vector → Research tools → Select by location； （2）选择与科西嘉岛市政相交的城际合作图层。 在属性表中： （1）反向选择； （2）切换到编辑模式； （3）删除所选要素； （4）停止编辑模式并保存。

1.3.3　在 QGIS 项目中编制地图集

这一步是确定地图集中各种地图调用的不同数据图层，并解决覆盖图层（地图集的基础）的样式定义问题以及标签掩膜的显示配置问题。

1.3.3.1　定义地图集的覆盖图层

定义地图集覆盖图层的步骤见表 1.9。

表 1.9　定义地图集覆盖图层的步骤

步骤	QGIS 操作
1. 定义地图集的覆盖图层	在覆盖图层的样式属性中： （1）根据规则集选择样式； （2）单击 Rule，编辑规则；

步骤	QGIS 操作
1. 定义地图集的覆盖图层	（3）单击 filter，编辑过滤器； 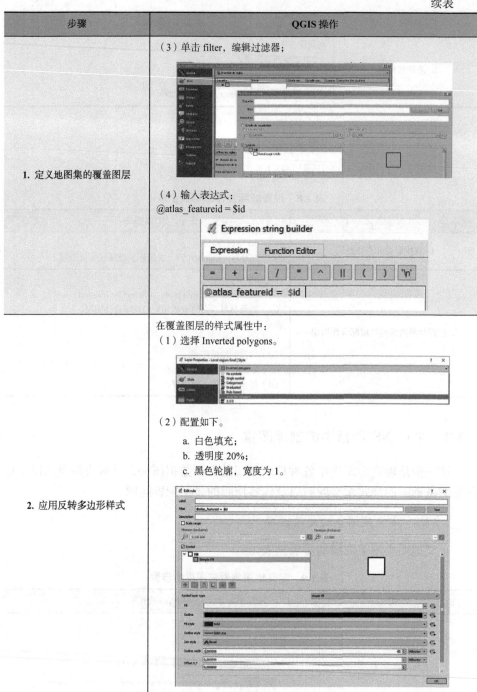 （4）输入表达式： @atlas_featureid = $id
2. 应用反转多边形样式	在覆盖图层的样式属性中： （1）选择 Inverted polygons。 （2）配置如下。 　　a. 白色填充； 　　b. 透明度 20%； 　　c. 黑色轮廓，宽度为 1。

1.3.3.2 市政标签掩膜的配置

配置市政标签掩膜的步骤见表 1.10。

表 1.10 配置市政标签掩膜的步骤

步骤	QGIS 操作
1. 应用符号	在 QGIS 中： （1）格式化数据； （2）配置市政标签。
2. 应用掩膜，仅显示所选要素的市政标签	在 QGIS 中： （1）选择当地区域图层要素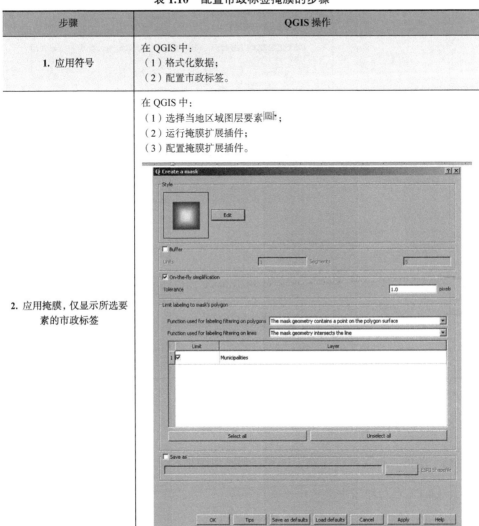； （2）运行掩膜扩展插件； （3）配置掩膜扩展插件。

1.3.3.3 城际合作标签掩膜的配置

配置城际合作标签掩膜的步骤见表 1.11。

表 1.11　配置城际合作标签掩膜的步骤

步骤	QGIS 操作
应用掩膜，仅显示所选当地区域的城际合作标签	在 QGIS 中： （1）选择当地区域图层的要素； （2）更新当前掩膜； （3）配置掩膜扩展插件。 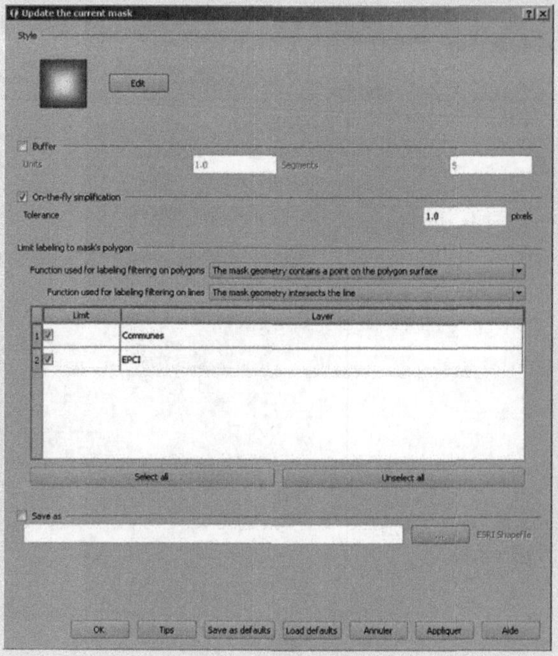

1.3.4　打印编制地图集

这一步的目标是在打印器中配置并编制地图集。

1.3.4.1　在打印器中激活地图集

在打印编制中激活地图集的步骤见表 1.12。

表 1.12　在打印编制中激活地图集的步骤

步骤	QGIS 操作
1. 定义地图符号	在 QGIS 中： 激活主地图图层。

步骤	QGIS 操作
2. 配置覆盖图层	在打印器中： （1）添加地图 🖼。 （2）激活并配置地图集属性如下。 　　a. 单击 Atlas generation； 　　b. 单击 Generate an atlas； 　　c. 选择 Coverage layer。 Composition　Item properties　**Atlas generation** Atlas generation　　　　　　　　× ☑ Generate an atlas ▼ Configuration Coverage layer　Local region final ☐ Hidden coverage layer Page name ☐ Filter with ☐ Sort by ▼ Output Output filename expression 'output_'||@atlas_featurenumber ☐ Single file export when possible
3. 地图配置	在 Item properties 中： （1）激活 Controlled by atlas 功能； （2）选择 Margin around feature。 Composition　**Item properties**　Atlas generation Item properties　　　　　　　　× Map 0 ☐ Follow visibility preset　(none) ☐ Lock layers ☐ Lock styles for layers ▼ Extents X min　1145310.305 Y min　6058513.586 X max　1255110.247 Y max　6119513.554 Set to map canvas extent View extent in map canvas ▼ ☑ Controlled by atlas ⦿ Margin around feature　10% ○ Predefined scale (best fit) ○ Fixed scale

25

步骤	QGIS 操作
4. 在打印器中生成地图集	（1）单击 Preview atlas； （2）用箭头查看自动生成的各种地图。 
5. 锁定地图图层和图层样式	在 Item properties 中： （1）选择 Lock layers； （2）选择 Lock styles for layers。 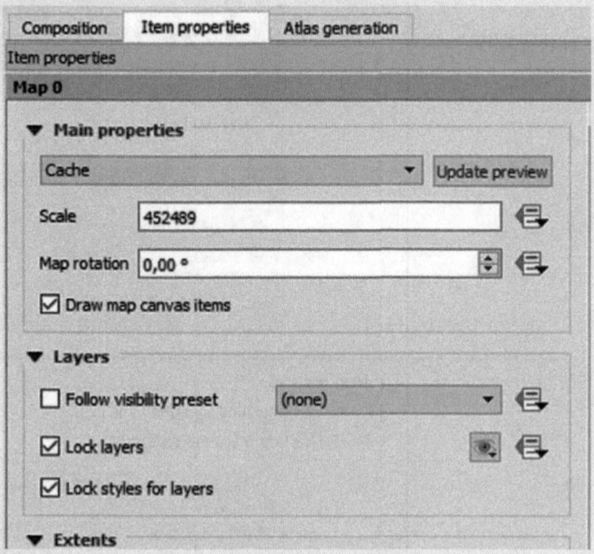
6. 最终确定主地图	在打印器中： 添加地图项：指北针、比例尺、来源、图例。

1.3.4.2 添加动态项

这一步需要根据当地区域（项目名称和图例）配置显示在地图集地图中的动态元素，见表 1.13。

表 1.13 添加动态项的步骤

步骤	QGIS 操作
1. 添加标题	在 print composer 中： 为模板标题（当地区域名称）添加新标签； 在 Item properties 中： 单击 Insert an expression。

步骤	QGIS 操作
1. 添加标题	在 window 中： （1）指定字段名称，该字段存储当地区域名称信息； 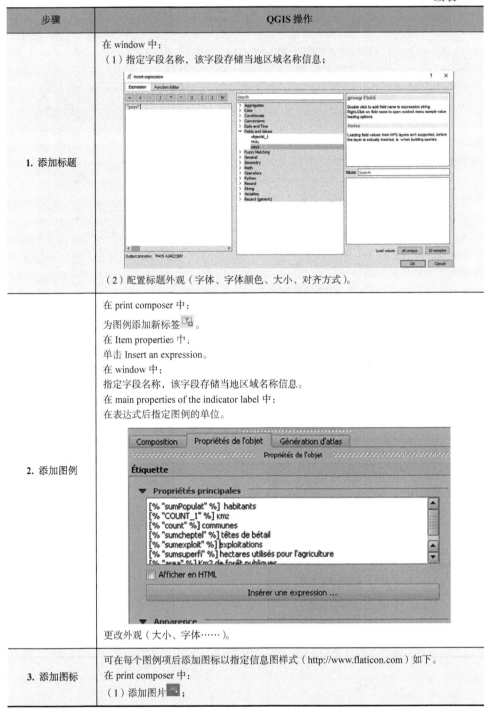 （2）配置标题外观（字体、字体颜色、大小、对齐方式）。
2. 添加图例	在 print composer 中： 为图例添加新标签 。 在 Item properties 中： 单击 Insert an expression。 在 window 中： 指定字段名称，该字段存储当地区域名称信息。 在 main properties of the indicator label 中： 在表达式后指定图例的单位。 更改外观（大小、字体……）。
3. 添加图标	可在每个图例项后添加图标以指定信息图样式（http://www.flaticon.com）如下。 在 print composer 中： （1）添加图片 ；

27

续表

步骤	QGIS 操作
3. 添加图标	（2）指定图片的位置（使用 SVG 格式以获得更好的渲染效果）。 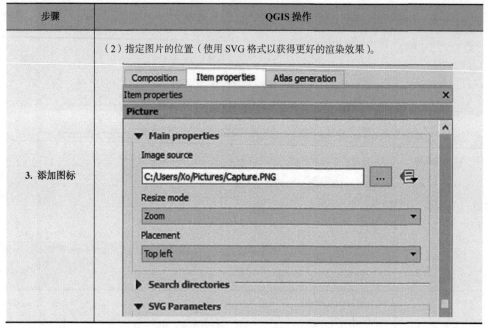

1.3.4.3 添加市政人口密度图

配置市政人口密度图的步骤见表 1.14。

表 1.14 配置市政人口密度图的步骤

步骤	QGIS 操作
1. 定义地图符号	在 QGIS 中： （1）激活 municipalities V2 图层； （2）使用合适的符号（渐进式样式）表示这些数据。
2. 在打印器中添加地图	在 print composer 中： （1）单击 Add Map ； （2）指定地图的位置、比例和尺寸。
3. 地图配置	在 Item properties 中： （1）激活 Controlled by atlas 功能； （2）选择 Margin around feature。

步骤	QGIS 操作
3. 地图配置	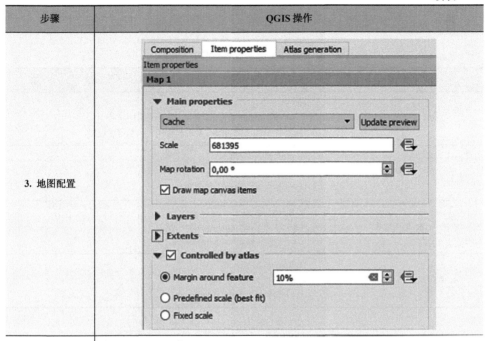
4. 锁定地图图层 和图层样式	在 Item properties 中： （1）选择 Lock layers； （2）选择 Lock styles for layers。

1.3.4.4 添加城际合作图

配置城际合作图的步骤见表 1.15。

表 1.15 配置城际合作图的步骤

步骤	QGIS 操作
1. 定义地图符号	在 QGIS 中： （1）激活 intermunicipal cooperation 图层； （2）使用合适的符号（渐进式样式）表示这些数据。
2. 在打印器中添加地图	在 print composer 中： （1）单击 Add Map ▣； （2）指定地图位置、比例和尺寸。
3. 地图配置	在 Item properties 中： （1）激活 Controlled by atlas 功能； （2）选择 Margin around feature。
4. 锁定地图图层和图层样式	在 Item properties 中： （1）选择 Lock layers； （2）选择 Lock styles for layers。

1.3.4.5 添加总览图

配置总览图的步骤见表 1.16。

表 1.16 配置总览图的步骤

步骤	QGIS 操作
1. 定义地图符号	在 QGIS 中： （1）激活 final local region 图层； （2）使用基本符号（分类样式）表示这些数据。
2. 在打印器中添加地图	在 print composer 中： （1）单击 Add Map ▣； （2）指定地图的位置和尺寸。
3. 配置地图总览参数	在 Item properties 中： （1）添加 Overviews ▭； （2）使用地图（主地图）的地图框架配置此总览图； （3）选择 Lock layers； （4）选择 Lock styles for layers。

步骤	QGIS 操作
3. 配置地图总览参数	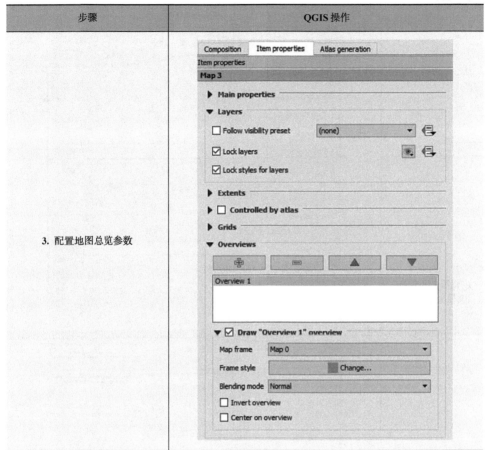

1.3.5　地图集发布

配置完地图集的各种要素（地图、图例、标题等）后，可以将地图集模板导出为图片，获得地图集产品，见表 1.17。

表 1.17　地图集发布的步骤

步骤	QGIS 操作
1. 使用表达式自定义输出文件名称	在 Atlas generation 中： 以字段 "pays"（当地区域名称）的值为输出文件命名。

续表

步骤	QGIS 操作
1. 使用表达式自定义输出文件名称	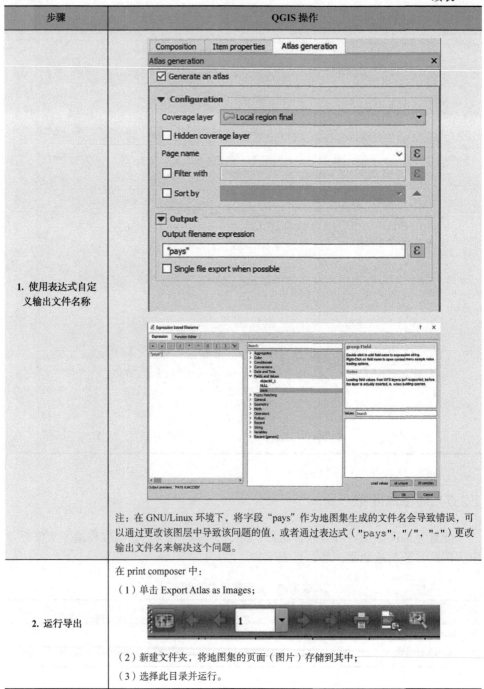 注：在 GNU/Linux 环境下，将字段"pays"作为地图集生成的文件名会导致错误，可以通过更改该图层中导致该问题的值，或者通过表达式（"pays"，"/"，"-"）更改输出文件名来解决这个问题。
2. 运行导出	在 print composer 中： （1）单击 Export Atlas as Images； （2）新建文件夹，将地图集的页面（图片）存储到其中； （3）选择此目录并运行。

步骤	QGIS 操作
3. 配置图片导出选项	根据地图集的最终用途选择导出图片的分辨率。 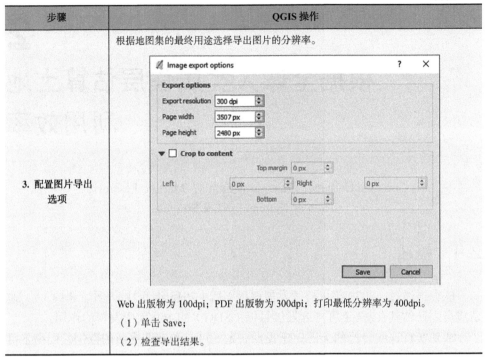 Web 出版物为 100dpi；PDF 出版物为 300dpi；打印最低分辨率为 400dpi。 （1）单击 Save； （2）检查导出结果。

2

根据全球人类居住层估算土地利用效率

Christina Corbane，Panagiotis Politis，Martino Pesaresi，
Thomas Kemper，Alice Siragusa

2.1 概述

联合国通过《2030 年可持续发展议程》后（2015 年 9 月 25 日，纽约）[①]，邀请成员国评估其在 17 个可持续发展目标（SDG）的 169 项中发挥的作用。

成功实现这些目标的关键在于提供一致、可靠和定期更新的数据，以衡量可持续发展目标实施的进度。

目前，由欧洲委员会联合研究中心制作的全球人类居住层（GHSL），提供了公开、丰富且十分详细的全球范围内人类居住区和人口数据 [PES 16]。GHSL 数据的特征和说明如下所示。

全球人类居住层

全球人类居住层（GHSL）是一套用于评估全球范围内人类活动的工具和理论方法。在 GHSL 背景下，收集四个不同时期（1975 年、1990 年、2000 年、2015 年）的 Landsat 影像生成了一个居民区全球图层（GHS-BU）。GHS-BU 衍生信息已用于 1975 年、1990 年、2000 年和 2015 年期间的人口估计及细化（GHS-POP）。居民区和人口数据可以从 GHSL 网站免费下载：http://ghsl.jrc.ec. europa.eu/data.php, 2020.10.15。

2.2 土地利用效率

GHSL 提供了应对 SDG（可持续发展目标）挑战所需的基准数据，可用来估

[①] https://www.un.org/sustainabledevelopment, 2020.10.15.

算与地表建成区和人口演变有关的一系列指标。

特别地，GHSL 提供了可以专门监测 SDG11.3[①]指标的潜力，旨在到 2030 年"提高所有国家包容的、可持续的城市化水平和共同参与的、综合的、可持续的人类居住规划和管理能力"。

为了衡量这一指标，提出了子指标 11.3.1——土地利用增长率与人口增长率之间的比率。

该指标可用来通过分析土地利用与人口增长之间的关系演变度量土地利用效率（LUE）。

然而，该指标并不能完全表征人口负增长或零增长的城市，或是由于自然灾害或地区冲突失去部分领土的城市的动态性质。此外，"城市区域"目前被广泛定义为包括建成区和开放城市空间的区域。由于现有定义和方法存在差异，需要在城市区域及其边界定义方面达成共识，以精化和更好地应用上述指标。

为了解决这些问题，建议调整 LUE 指标计算公式，以表达人均建成区面积变化率[COR 16]：

$$\mathrm{Id}_{t,t+n} = \frac{Y_t - Y_{t+n}}{Y_t} \qquad (2.1)$$

人均建成区面积 Y_t 定义为

$$Y_t = \frac{\mathrm{BU}_t}{\mathrm{POP}_t}$$

其中，BU_t 和 POP_t 分别为时间 t 处的建成区面积和人口数量。

LUE 指标可以根据不同时间间隔（即每 5 年、10 年、15 年）可用的观测数据估算。为确保不同时段的结果可比性，建议对值进行归一化以获得 10 年平均变化，即将指标除以 n（分隔观测值的年份数），然后乘以 10。归一化指标公式为

$$\mathrm{Idx}_t = \frac{Y_t - Y_{t+n}}{Y_t} \cdot \frac{10}{n} \qquad (2.2)$$

不同时期的建成区和人口信息可用于检验本章提出的指标，并确定从城市群到地区的不同尺度下指标变化的原因。对于此分析，建议使用 1990 年、2000 年和 2014 年分辨率为 250m×250m 的 GHSL 图层（GHS-BU）和相关人口数据（GHS-POP）。

---

① http://www.un.org/sustainabledevelopment/cities, 2020.10.15.

2.3 安装 LUE 指标计算工具

本章介绍的应用需要安装由 JRC 团队（http://ghsl.jrc.ec.europa.eu/tools.php, 2020.10.15）开发的用于计算 LUE 指标的算法。编译脚本仅需在工具箱中安装一次。

本章算法可使用 QGIS v2.14 及其后续兼容版本实现。

这里将使用最常用的 QGIS 处理模块工具箱（Toolbox）。在工具箱中，可以找到按类别分类的算法，这些类别归类为"地理算法"（Geoalgorithms）组。另外还有两个条目：模板和脚本。它们包含用户算法和定义处理字符串：

（1）要加载 LUE 处理，在主菜单中单击 Processing，然后选择 Processing Toolbox（图 2.1）。

（2）在对话框窗口中，单击 Scripts→Tools→Add script from file。

（3）加载随应用数据库附带的 Python 脚本：LUE.py。

（4）加载后，LUE 算法会出现在 User scripts 子菜单中。

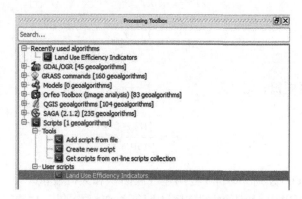

图 2.1　在 QGIS 工具箱中显示 LUE 指标计算工具

以下章节将逐步说明计算指标的方法及其在 LUE.py 工具中的实现。

2.4 计算 LUE 指标的方法

计算 LUE 指标的方法是基于栅格数据开展的地理时空分析。该计算不需要任何遥感方面的储备知识，但需要地理空间数据处理方面的基础。所开发的方法适用于免费软件 QGIS，因此即便没有遥感专业知识，GIS 分析人员也可以使用。图 2.2 总结了计算 LUE 指标所需的一系列步骤。本章以南非比勒陀利亚市（Pretoria）为应用示例展示此方法。

（1）下载 GHSL 数据：建成区栅格数据，1990 年、2000 年和 2014 年分辨率为 250m×250m 的人口栅格数据。

（2）划定感兴趣区域和裁剪输入数据。

（3）计算两个不同时期（$Id_{1990-2000}$ 和 $Id_{2000-2014}$）的人均建成区面积和估算 LUE 指标。

（4）结果可视化和分析，包括 LUE 值分类、比较和原因分析。

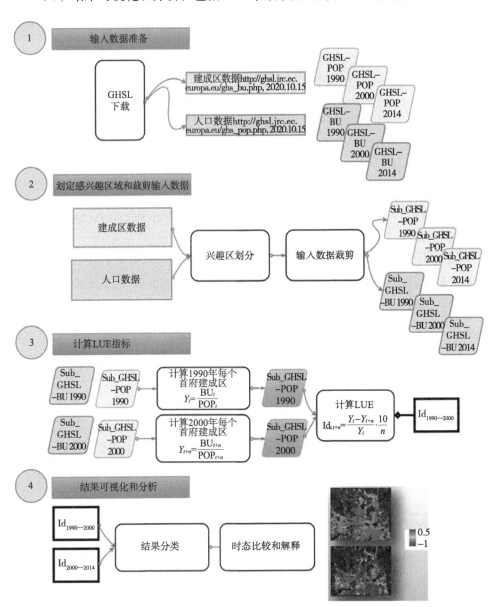

图 2.2　计算 LUE 的步骤

2.4.1　输入数据准备

这一步是从 GHSL 网站：http://ghsl.jrc.ec.europa.eu/data.php，2020.10.15 下载栅格数据（图 2.3）。

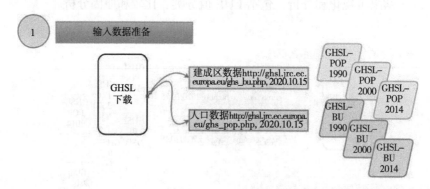

图 2.3　输入数据准备

以下是 1990 年、2000 年、2014 年全球范围的分辨率为 250m×250m 的建成区面积和人口数据。

使用以下链接将压缩（.zip）格式的数据下载到同一目录中：

（1）GHS-BU (250m) 1990-2000-2014。

GHS_BUILT_LDS1990_GLOBE_R2016A_54009_250

GHS_BUILT_LDS2000_GLOBE_R2016A_54009_250

GHS_BUILT_LDS2014_GLOBE_R2016A_54009_250

（2）GHS-POP（250m）1990-2000-2015[①]。

GHS_POP_GPW41990_GLOBE_R2015A_54009_250

GHS_POP_GPW42000_GLOBE_R2015A_54009_250

GHS_POP_GPW42015_GLOBE_R2015A_54009_250

解压同一文件夹中的文件，保留原始文件的结构（即每个数据一个目录）。

2.4.2　划定感兴趣区域和裁剪输入数据

划定感兴趣区域和裁剪输入数据如图 2.4 所示。

---

① 由于 2015 年的人口图层根据 Landsat 2014～2015 年数据集提取的建成区图层产生，为简化和一致性，将图层命名为 GHSP-POP 2014。

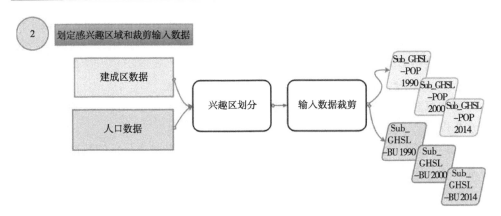

图 2.4　划定感兴趣区域和裁剪输入数据

输入数据可用后，可以通过单击之前在用户脚本中加载的工具启动 LUE 处理。系统将出现图 2.5 所示的窗口。

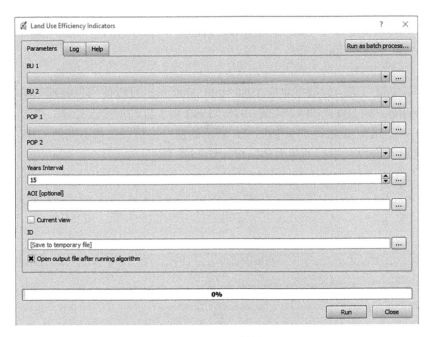

图 2.5　LUE 工具界面

这一步包括定义一个感兴趣区域，并将输入数据裁剪到之前界定的感兴趣区域。定义感兴趣区域有两个选项：

（1）选项 1：AOI[可选]。

在这种情况下，感兴趣区域由 shapefile 格式（.shp）文件定义。为了说明这种方法，随应用附带提供了一个矢量文件（位置：user_files/aoi/aoi.shp）。该文件对应于以南非比勒陀利亚市为中心约 6000km² 的区域。或者，用户也可以另行提供界定所选研究区域的矢量文件。

（2）选项 2：当前范围。

用户可能将窗口当前范围作为感兴趣区域。因此，只需勾选对应的当前范围复选框即可。

无论选择哪个选项，都将使用定义的感兴趣区域提取要分析的数据子集：所有输入栅格影像将根据相同地理范围进行划分。

此后，用户必须指定输入数据文件的位置，即选择用于计算指标的两个日期的 GHS-BU 和 GHS-POP 栅格影像。或者用户可以将其他数据加载到 QGIS 项目的显示窗口中并重新定义投影：

（1）单击 OK；

（2）双击栅格图层显示图层属性；

（3）选择 General；

（4）转到坐标参考系（CRS），选择过滤器 54009，并选择 EPSG：数字 54009 对应 World_Mollweide 投影；

（5）单击 OK。

本例中用于演示的数据对应 1990 年和 2000 年。可以使用批处理选项在另一个时间间隔（如 2000~2014 年或 1975~1990 年）自动重复该处理。单击右上角的 Run as batch process 打开如图 2.6 所示的窗口，可以选择不同的 GHS-BU 和 GHS-POP 组合以及不同的感兴趣区域计算 LUE 指标。

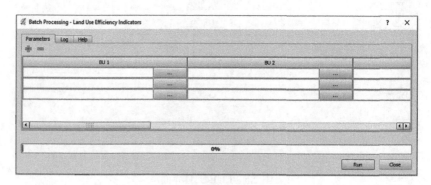

图 2.6　批处理执行窗口

2.4.3　计算 LUE 指标

计算 LUE 指标如图 2.7 所示。

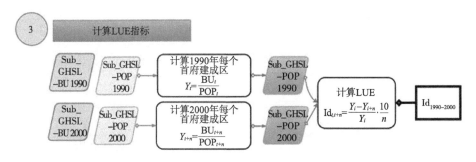

图 2.7　计算 LUE 指标

（1）通过选择输出文件的位置和格式，用户可以选择将输出结果保存到临时文件或是本地文件：①在 Land Use Efficiency Indicators 用户界面的 LUE 选项下，单击[…]按钮。②选择出现的两个备份选项之一（图 2.8）。

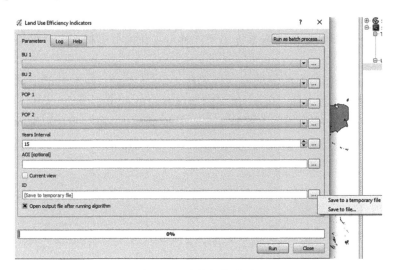

图 2.8　选择备份选项

（2）输入分隔两个观测日期的 Number of Years（n）。默认情况下 $n = 15$。

（3）单击 Run 按钮。

（4）然后算法将计算每个日期的人均建成区面积 $Y_t = \dfrac{\mathrm{BU}_t}{\mathrm{POP}_t}$ 和 $Y_{t+n} = \dfrac{\mathrm{BU}_{t+n}}{\mathrm{POP}_{t+n}}$。接着根据式（2.2）估计归一化指标 I_{dxt}。

（5）如果选择了 Open output file after running algorithm 选项，窗口中则会显示侧边菜单。

（6）对日期 2000 年和 2014 年重复步骤（1）～（3），以计算指标 $\mathrm{Id}_{2000–2014}$。或者可以使用 Run as batch process…选项，同时计算两个时间间隔的指标。

2.4.4 结果可视化和分析

获得指标结果并显示在 QGIS 项目中后，就可以将其可视化并尝试解释 SGD 的值（图 2.9）。

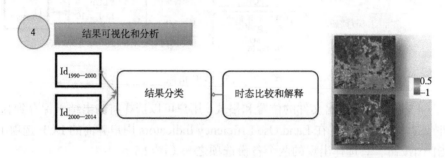

图 2.9　结果可视化和分析

为了便于解释结果值，本章提出了一种可视化的分类样式。建议通过以下方式更改样式：

（1）双击与指标对应的栅格文件名称（$Id_{2000-2014}$），或右键单击名称，然后从出现的菜单中选择 Properties，出现图层属性窗口（图 2.10）。

（2）转到 Style 选项卡，然后单击右下角 Style 按钮更改此示例中建议的样式，以便解释结果值。建议的可视化样式 LUE_style.qml 位于应用的文件夹中（位置：user_files / LUE_style.qml）。

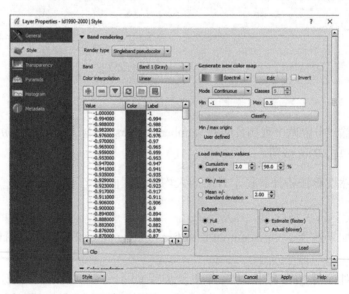

图 2.10　QGIS 中的图层属性窗口

（3）在此调色板中，值被限定在[-1，0.5]区间中重新分类，以突出显示对比度。可能的解释为：①负值（红色至橙色），人口减少和不变的建成区；②正值（绿色至蓝色），人口增加快于建成区面积增加（由于密度增加或由于城市面积扩大）；③零附近的值（黄色），稳定区域，其建成区和人口呈线性增加。

以比勒陀利亚市为例，图 2.11 显示了两个时间间隔：1990～2000 年和 2000～2014 年的 LUE 指标计算结果。

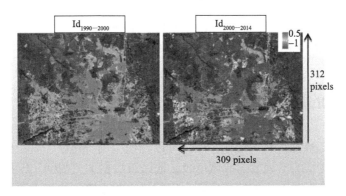

图 2.11　两个时间间隔的 LUE 计算结果：$Id_{1990-2000}$ 和 $Id_{2000-2014}$

（250m×250m 像元）

该图的彩色版本参见 www.iste.co.uk/baghdadi/qgis3.zip, 2020.10.15

2.4.5　一种可能的解释

比较两个不同时期的 LUE 结果，一方面，在 2000～2014 年期间，城市核心区域的 LUE 有所增加，而周边地区的 LUE 则有所减少。特别是在城市北部和东部，图 2.11 右侧对应于橙色和红色区域的 LUE 有所下降，这可能是人口从外围向中心迁移所致。

另一方面，LUE 在 1990～2000 年至 2000～2014 年期间普遍增加，尤其是图 2.12 中椭圆圈出的区域。对这一区域更深入的分析表明，它对应于比勒陀利亚市的城市景观典型区域，在过去十年，政府为应对住房危机在此建造社会住房。但这种方案并没有解决贫困人口的住房问题。实际上，这种景观特征是现有正式住所的过度使用和后院棚屋的建造，图 2.12 给出了椭圆形区域示例。

图 2.12　LUE 指标增加的区域示例

该区域显示后院棚屋示例,是正式的政府建造房屋,但过度居住相当于平均有 15 个人居住在四居室住宅中[GER 13]。

这解释了这些区域中 LUE 增加的原因。该图的彩色版本参见 www.iste.co.uk/baghdadi/qgis3.zip, 2020.10.15

2.5　方法的局限性

根据 GHSL 数据计算 LUE 的方法,可以轻松应用于建成区面积和人口的任何数据集(即更详细的本地数据或城市级、地区级数据)。它既可以用于 LUE 指标监测,还可以作为时空(如城市之间)比较信息的来源,这对于评估当地城市规划政策的影响至关重要。

它的主要局限性是难以掌握建筑的垂向发展,有以下两个原因:①目前输入数据仅代表建成区和人口的二维信息;②提出的指标确实未考虑与城市容量有关的信息,因为在全球范围内获取该信息很困难。

随着 GHSL 框架设想的发展,未来 GHSL 可能提供全球范围内建成区容量信息,这将更利于其应用于更精确的人口数据建模并改善 LUE 指标的估计。

2.6　参考文献

[COR 16] CORBANE C., PESARESI M., KEMPER T. et al., "Assessment of Land Use Efficiency using GHSL derived indicators", Atlas of the Human Planet 2016, Publications Office of the European Union, pp. 82–83, 2016.

[GER 13] GERVAIS-LAMBONY P., "Chapitre 4-Le Fait Urbain En Afrique Du Sud: Recomposer Les Structures Héritées, Donner Le Droit À La Ville", pp. 73–90, 2013.

[PES 16] PESARESI M., EHRLICH D., FERRI S. et al., "Operating procedures for the production of the Global Human Settlement Layer from Landsat data of the epochs 1975, 1990, 2000, and 2014", Joint Research Centre, 2016

3

基于 GIS 的城市形态学在城市气候
模拟中的应用

Justin Emery，Julita Dudek，Ludovic Granjon，Benjamin Pohl，Yves Richard，Thomas
Thevenin，Nadège Martiny

3.1　通过城市气候建模研究城市-气候关系

　　城市地区的独特性和复杂性在于受到相互耦合的各种因素共同影响。尤其是，许多研究表明城市形态和设计对当地气候有影响[OKE 73; ESC 91; MAS 15]。城市气候模拟是具体的，因为必须在更精细的空间尺度上考虑某些特征，如建筑物大小、形状和结构；这也会导致大气流动模式变化（从层流到湍流）和阴影效应。而且，城市建筑中使用的不同材料（沥青、水泥、瓷砖、板岩、铝板等）具有各种物理特性，可调节反照率和表面电导率，进而改变表面辐射平衡。由此产生的城市气候与周围自然环境气候不同，建筑材料、城市形态（局地尺度）和区域地形在其中起着关键作用。

　　当前工作是在 MUSTARDijon 跨学科研究项目[①]框架下完成的，该项目致力于研究第戎市（Dijon）的城市热岛（UHI）效应。项目研究通过三种方法确定温度变量：气候模型、现场测量和遥感产品。GIS 在研究中起核心作用，用于处理土地利用数据库（城市形态、土地利用、建筑物高度），植入温度测量网络或处理遥感产品。GIS 还用于构建为中尺度大气模型（MAM）提供高分辨率数据的数据库，此情况下，土地利用数据库对解决地表-大气交换问题是必需的。在 MAM 中，气象条件来源于通用循环模型（GCM）的大气压力。事实上，城市-气候关系建模需要量化两个因子：①由于人类活动和建筑形态（高度和位置）引起的热量交换；②它们对热通量及相关表面辐射平衡的影响[RYU 11]。因此，城市气候建模需要特征化城市形态和研究区域地形。在本章的案例中，有两个关键的参数：人类活

---

　　① MUSTARDijon 项目（Measures Urbaines de la Température de l'Air à Dijon:Urban Climate measurement in Dijon,Bourgogne,France）汇集了来自 GIS、气候学和遥感领域的研究人员。

动区域的分布和城市区域内建筑的分布。法国许多城市的地理数据库可以用来获得城市形态概貌和现状。本章的案例使用了 4 个数据库：由法国国家地理和森林信息研究所（IGN）生产的 BD TOPO®① 和 BD ALTI®②，使用 Corine（欧洲环境信息协调计划的一个项目名称，译者注）土地覆盖③（CLC）完成的土地利用数据库和 OpenStreetMap④（OSM）。

本章的目的是使用通用数据库和免费 GIS 软件（这里为 QGIS）规范地理处理链，以构建 MAM 输入数据集并模拟城市气候。在这项研究中，空间分辨率介于 0.15～1km 之间（表 3.1），与 MAM 要求的分辨率一致，是在顾及计算耗时与相对精细空间尺度下进行城市气候观测两方面因素后的一个折中。考虑到这些因素，需完成两个步骤：

（1）将建筑物的高度集成到数字地形模型（DTM）中，以便在建筑物相关的热和大气过程建模时获得最佳效果。

（2）提供"人为化"（anthropization）的总体情况，可以区分"自然"区域与"人工"区域，并表征其对热学条件的影响。

在法国，人为化概念直接指"人类活动引起的、增强的事实"[BRU 05]。在本章研究区域中，对自然区域的改造通常是人为化造成的结果，如"环境是人类的而非自然的作品"[VEY 97]。术语"人为化"（anthropization）对应于城市结构，由"人工"（artificial）区域构成的城市化区域组成，包括建成区和非建成区。需要区分城市结构的两个定义[CER 13]：

（1）连续城市结构（针对城市间的问题）：对应于围绕建筑物和交通线路构成的地表，覆盖城市总面积 80%以上。

（2）不连续城市结构（针对城市内部问题）：对应于由建筑物、高速公路和人工区域构成的地表，植被地表和裸土覆盖了城市的重要区域。在这种情况下，城市要素覆盖城市总面积的 30%～80%。

表 3.1　用于城市气候数值模拟的城市空间表征综合准则

考虑因素	说明
目的	表征用于城市气候数值模拟的城市形态
空间分辨率	中等：0.15～1km

---

① BD TOPO®数据库提供了本区域的矢量描述，支持以 3D 的形式描述和可视化地理对象（交通基础设施、建筑物……）[IGN 16]。

② BD ALTI®数据库是一个数字地形模型（DTM），用于描述中等规模（25～250m）的地形。

③ Corine Land Cover 使用欧洲土地利用图：http://land.copernicus.eu/pan-european/corine-land-cover/clc-2012/view, 2020.10.15。

④ 在 3.3 节的实例中，仅使用开放数据库，不包括对 BD TOPO®数据库的操作。

续表

考虑因素	说明
数据库产品	数字地形模型，土地利用，交通基础设施，建筑物高度
坐标参考系统	Lambert 93 - 法国大地测量网络 1993 CRS：RGF93/Lambert 93；ID 认证 EPSG①：2154
预期结果	城市地形环境；城市规模的人为化指数

这里提出的估算人为化方法对应于计算两个地表之间的比率：通过考虑不连续城市结构假设的城市区域地表和总的可用地表。下面将该比率称为人为化指数。请注意，"人为化"（anthropization）和"人工化"（artificialization）两个术语均用于表示具有重要人类构造（建筑物、交通基础设施等）的区域。因此，本章提出基于 GIS 软件和地理数据库，通过定义人为化指数获得人为化影像。地理数据库提供的几何信息可以用来估算建筑物的占地和高度，交通基础设施以及自然地表，如城市公园的占地。

3.2　城市空间表示

在以下章节将详细介绍用于提供城市 3D 影像的处理链。为方便起见，将不同处理阶段归结为三个步骤（图 3.1）。

步骤 1：将建筑物高度集成到 DTM 中。

步骤 2：定义研究区域内的人为化。

步骤 3：计算人为化指数。

在完成这三个步骤之前，先定义坐标参考系统。这里使用 Lambert 93-RGF93（CRS：RGF93/Lambert 93；ID Certified EPSG：2154）投影，这是法国最常用的米制坐标系统。

重投影栅格图层的 QGIS 功能如下。

- 更改本地投影：Raster → Projections → Wrap (Reproject)…

重投影矢量图层的 QGIS 功能*如下。

- 更改本地投影：QGIS geoalgorithms → Vector general tools → Reproject layer

说明：*表示处理工具箱中的 QGIS 功能。可以单击处理→工具箱，或使用 Ctrl+Alt+T 键盘快捷键打开处理工具箱。

---

① EPSG（欧洲石油调查组是全球坐标参考系统和坐标转换的结构化数据集：http://www.epsg.org，2020.10.15）。

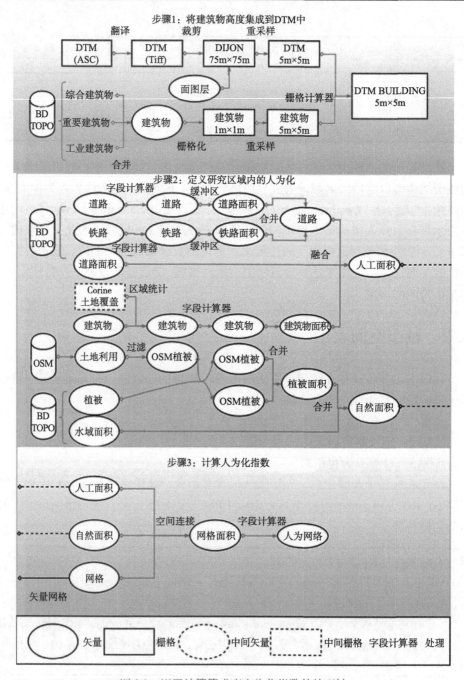

图 3.1　用于计算第戎市人为化指数的处理链

　　处理链将使用 IGN 数据库和/或 OSM 数据库中的参考矢量数据库，目的是开发一种可在其他城市使用的简单通用方法。具有基本功能（无扩展）的 QGIS 软件用于构建整个处理链。注意，也可以使用其他 GIS 软件，如 ArcGIS 或 MapInfo。但是，该处理链是根据 MUSTARDijon 项目框架获得的反馈，并且基于气候学家和地理信息工程师的技巧建立的。本章的方法使用矢量数据库，如本章结尾所示，方法中也使用了栅格文件（遥感数据集）。这项工作中使用的三个互补的矢量数据库如下：

（1）BD ALTI 数据库提供的区域地形数据，该数据库是空间分辨率为 75m 的开放数据 DTM：http://professionnels.ign.fr/bdalti#tab-3, 2020.10.15。

（2）CLC 数据库提供的空间分辨率为 100m 的土地利用数据。由欧洲环境署（European Environment Agency）分发：http://www.eea.europa.eu/data-and-maps/data/corine-land-cover-2006-raster-2.0, 2020.10.15。

（3）BD TOPO®数据库提供的 3D 区域和交通基础设施数据。包含大量信息（行政建筑、兴趣点、地名、道路、铁路、能源、水文网络、建筑物、植被和山志）。研究中选择了以下专题文件：①道路网，如道路和路面；②铁路网，如铁路路段；③建筑物及其高度，如混合建筑物（工业或突出建筑物）；④植被，如植被地表；⑤水文，如水文地表；⑥可选项，补充性专题文件，如机场跑道或活动区域（工业和商业）。

由于可以使用矢量的 3D 区域数据，这里的工作主要基于 BD TOPO®数据库。然而，该数据库不是开源数据库。为此，我们尽可能使用了 OSM 数据库，尽管其信息不具备同样的可靠性和准确性。至于 CLC 数据库，OSM 数据库提供了较全面的第戎市土地利用相关信息，尤其第三产业区域建筑物位置相关的信息（参阅 3.2.2.2 节）。此外，BD TOPO®可以补充 OSM 数据，用于植被数据处理（参阅 3.2.2.3 节）。处理链的详细步骤如图 3.1 所示。

IGN 基于摄影测量处理获得的 BD TOPO®提供了建筑物高度，是模拟城市气候的重要参数。事实上，建筑物表面粗糙度会改变自然气流。此外，建筑物高度有助于识别"峡谷街道"，即建筑物高度与街道宽度间比例大于 0.5 的街道。注意，天空视域因子（SVF）可以量化从地面可见的天空部分，也是城市气候学中用于识别峡谷街道的一种广泛使用的指标，可以根据 3.2.1 节中描述的处理方法进行估算。

城市要素的占地是处理链的另一个关键参数。实际上，高度人为化区域的存在改变了自然径流和水渗透以及各种表面吸收或反射的热通量。因此，这两个参数是必不可少的，在估算人为化指数时必须予以考虑（参阅 3.2 节）。

3.2.1 在DTM中集成城市形态

这一步旨在根据地形背景信息（建筑物高度）创建城市影像。数据预处理有利于确保 BD ALTI®与从 BD TOPO®提取的建筑物高度之间的互操作性。

3.2.1.1 BD ALTI®预处理：转换并裁剪研究区域

BD ALTI®数据库提供了用于描述地球陆地表面形态和海拔[①]的 DTM。在 DTM 处理前，其原始格式（ASC）被转换为 GeoTIFF（.tiff）。实际上，即使 QGIS 能够打开 ASC 文件，使用传统的 TIFF 栅格格式更容易处理。

> 转换栅格（从 ASC 到 GeoTIFF）的 QGIS 功能如下。
> - 转换数据格式：Raster → Conversion → Translate (Convert Format)…

这一步是根据第戎市的坐标提取研究区域（这些坐标以米为单位，定义了研究领域的边线轮廓）：x_{min}=842701.280，x_{max}=867207.099，y_{min}=6684746.823，y_{max}=6700866.768。也可以使用"掩膜图层"对应的轮廓（边界）矢量图层提取研究区域，该图层通常使用 shapefile 格式。

> 从矢量图层提取研究区域的 QGIS 功能（GDAL 扩展）如下。
> - 裁剪：GDAL/OGR → Extraction → Clip raster by mask layer

3.2.1.2 BD TOPO®预处理：建筑物栅格化处理

BD TOPO®提供了空间分辨率为 1m 的对象 3D 数据。更具体地说，BD TOPO®提供了 IGN 基于摄影测量处理获得的建筑物高度。开始时，与建筑物有关的原始信息存储在三个单独的 shapefile（.shp）中：

（1）工业建筑物，包括所有工业、商业或农业类型的建筑物；

（2）突出建筑物，包括具有行政、宗教、体育或交通相关功能的所有建筑物；

（3）混合建筑物，包括所有其他类型的建筑物。

将这三个 shapefile 文件合并到一个文件中，可以将所有建筑物存储在一个单独图层，以前称为"BUILDING"：

> 合并矢量图层的 QGIS 功能如下。
> - 合并：QGIS geoalgorithms → Vector general tools → Merge vector layers…

由于 IGN 提供的数据涵盖整个区域（法国行政管理范围），因此需要使用先前合并的建筑物矢量图层和先前已经定义坐标的研究区域的交集，提取包含在研究区域中的建筑物：

---

① 开放资源 BD ALTI®（DTM 分辨率 75～250m）下载链接：http://professionnels.ign.fr/bdalti#tab-3, 2020.10.15。

根据研究区域的地理坐标提取矢量的 QGIS 功能如下。

- 裁剪：GDAL/OGR > [OGR] Geoprocessing → Clip vectors by extend⋯

然后根据 DTM 中字段名为 "HEIGHT" 的几何信息进行建筑物高度栅格化。图 3.2 展示了在最低空间分辨率下矢量图层到栅格图层的转换。

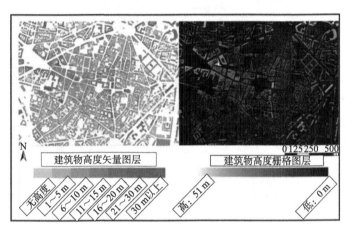

图 3.2　根据 BD TOPO® 对建筑物高度进行栅格化处理

该图的彩色版本（英文）参见 www.iste.co.uk/baghdadi/qgis3.zip, 2020.10.15

将矢量图层转换为栅格图层的 QGIS 功能如下。

- 栅格化：Raster → Conversion → Rasterize （vector to raster）

3.2.1.3　将建筑物高度集成到 DTM 中：重采样及合并栅格数据集

该工作将建筑物高度与地形信息相结合，即两个栅格文件（DTM 和 BUILDING）合二为一，但是以相同的空间分辨率合并栅格文件很重要。为保留建筑物形态，这里选择 5m×5m 的通用分辨率。实际上，过大的聚合会趋于使建筑物周边变得平滑。相反，过高分辨率需要较长的处理时间。DTM 原始分辨率为 75m×75m，空间分辨率 5m×5m，可以基于插值方法（双线性）获得。同理，BUILDING 文件原始分辨率为 1m×1m，可以对初始栅格文件进行聚合处理（图 3.3）。

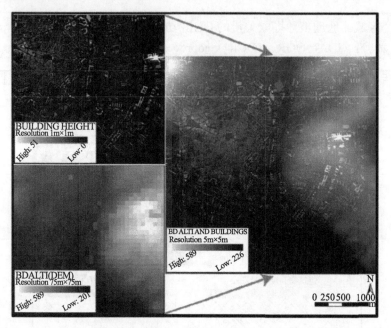

图 3.3　建筑物高度栅格（左上方）和 DTM（左下方）合并在同一个栅格中（右侧）

> 对栅格进行重采样的 QGIS 功能（GRASS 扩展）如下。
> - 使用插值进行重采样：GRASS→raster→r.resamp.interp
> - 使用聚合进行重采样：GRASS→raster→r.resamp.stats

　　两个栅格（DTM 和 BUILDING）在相同空间分辨率下完成创建后，将建筑物高度集成到 DTM 中，就是使用栅格计算器（Raster Calculator）工具将高程值（添加建筑物高度消除地形）逐个像素简单求和（一个像素对应于一个高程值）。最终结果（图 3.3）反映了研究区域的全局地形环境。

> 合并栅格图层的 QGIS 功能如下。
> - 将 DTM 与建筑物高度合并：Raster → Raster Calculator…

　　新栅格文件有助于解释一般现象，将用于城市气候模拟，如气流变化，以及街道上建筑物引起的热流和热交换等[RYU 11]。此外，最终 DTM 还可以进行其他辅助分析，如阴影效应或 SVF 研究，这些分析可用于建立第戎市温度测量网络[ROU 14]。

3.2.2　城市空间中生成土地利用图

　　这一步是利用 BD TOPO®数据库对所研究的城市空间（本例中为第戎市）的

人为化进行描述。将人工（交通基础设施和建筑物）与自然区域分开，用户可以使用 BD TOPO®重建第戎市的综合地图。使用的 BD TOPO®矢量数据集包括如下方面：

（1）交通基础设施占地：道路（ROADS）和铁路（RAILWAYS）。

（2）建筑物占地：工业建筑物（INDUSTRIAL_BUILDING）、突出建筑物（OUTSTANDING_BUILDING）、混合建筑物（UNDIFFERENTIATED_BUILDING）和地面道路（SURFACE_ROADS）。

（3）自然区域占地：植被区域（VEGETATION_AREA）和水文区域（HYDROGRAPHIC_AREA）。

补充数据集可用于精化地表计算。在某些情况下，商业园区不能忽视，此外也需考虑停车场或机场跑道。交通基础设施、建筑物和自然区域占地的几何处理可以使用 GIS 的缓冲区定义：

创建变量缓冲区的 QGIS 功能如下。
- 根据属性表中的字段创建缓冲区：Vector→Geoprocessing Tools→Variable distance buffer

3.2.2.1 交通基础设施占地预处理

这一步的目的是计算交通基础设施的占地，包括基础设施宽度和实际占地。BD TOPO®仅提供与交通基础设施（车道宽度和数量）相关的部分几何信息，因此需要添加数据集的补充信息，如人行道信息。这个可以根据当地法规，如城镇规划代码完成。以下预处理可以估算铁路和公路的占地。

1. 铁路预处理

法国铁路轨距的参考默认值为 1.435m[①]。在预处理中，该值将乘以 BD TOPO®提供的轨道数。此外还通过规定距离铁路周围 2.5m 考虑铁路铺道碴，因此每条铁路总占地宽度为 3.495m。城市铁路（如电车道）的占地以相同的方式处理。

计算铁路宽度的 QGIS 功能如下。
- Open attribute table → Open the field calculator (Ctrl-I)···

2. 道路预处理

BD TOPO®数据库中与道路占地相关的信息也不完整。BD TOPO®提供的道路

---

① 1977 年 1 月 28 日批准的法国铁路正式轨距（NF F50-402, 1977 年 2 月）：https://rhcf.revues.org/1939#tocto1n8, 2020.10.15。

宽度不能代表每条街道的实际占地（即建筑物间距离），只代表车道间的距离。可以通过以下两种方式确定街道实际宽度：

（1）在不考虑道路几何特征（宽度，车道数……）时，计算沿每条街道建筑物间的距离；

（2）使用与补充信息相关联的道路几何特征估算街道宽度。

选择所使用的方法至关重要，如基于方法 1 或方法 2 的阴影效应是不相同的。基于方法 1 的街道实际宽度（建筑物间的距离）估计往往会高估街道宽度，而会低估阴影效应，这与方法 2 的效果相反。本案例采用方法 2，根据当地道路法规[①]，人行道宽度由车道的类型和数量定义（表 3.2）。

表 3.2　根据车道数量定义的人行道大小

车道类型和数量（原始 **BD TOPO®** 法语字段）	人行道大小
高速公路（Autoroute）	0
匝道（Bretelle）	0
国道（Chemin）	0
扶梯（Escalier）	NC
自行车道 - 1 车道（Piste Cyclable）	2m
自行车道 - 2 车道（Piste Cyclable）	2.5m
准高速公路（Quasi-autoroute）	0
碎石路（Route empierrée）	3.5m×2
1 车道道路 - 1 车道（Route à 1 chaussée）	3.5m×2
1 车道道路 - 2 车道（Route à 2 chaussées）	5m×2
2 车道道路 - 1 车道（Route à 1 chaussée）	3.5m×2
2 车道道路 - 2 车道（Route à 2 chaussées）	5m×2
小路（Sentier）	0

3. 生成交通基础设施图层

根据铁路和道路相关数据生成面要素后，可以将两个文件合并以获得一个多边形交通基础设施图层。但在执行此操作前，需要使用 QGIS 差异处理工具消除图层之间的几何重叠（图 3.4）。生成交通基础设施图层的操作分为三个步骤：

（1）使用前面详细介绍的基础设施宽度生成与铁路和公路相关的缓冲区。注

---

① 第戎市地方道路法规：https://web2.dijon.fr/shared/images/fichier_joint_00024360_7401.pdf, 2020.10.15。

意此步骤会更改图层的性质——从折线变成多边形。

（2）删除图层之间的几何重叠，使用 QGIS"求差"（difference）处理工具和道路交叉信息完成（图 3.4）。

（3）合并铁路和道路图层。这一步可以创建交通基础设施的几何要素。最终结果是研究区域内所有交通基础设施占地的可视化。

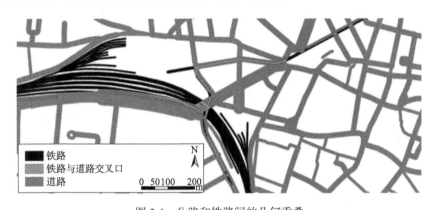

图 3.4　公路和铁路间的几何重叠

该图的彩色版本（英文）参见 www.iste.co.uk/baghdadi/qgis3.zip, 2020.10.15

删除图层重叠的 QGIS 功能如下。

- 删除重叠图层：Vector → Geoprocessing Tools → Difference

3.2.2.2　生成建筑物占地图层

可以通过以下两种方式之一定义建筑物占地：

（1）利用 BD TOPO®数据库中的 BD TOPO®建筑物占地（无变化）。该地表根据俯瞰建筑物时呈现的轮廓计算（图 3.5）。注意，只考虑宽度大于 10m 的内部庭院。

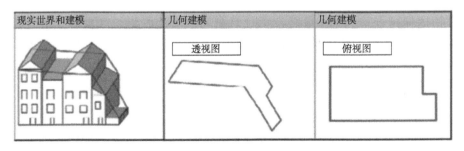

图 3.5　BD TOPO®数据库中建筑物几何建模（来源：[IGN 16]）

（2）基于当前使用的城市结构研究方法[CER 08；CER 13]，根据在建筑物周围生成的缓冲区，例如，在包括停车场区域的工业区建筑物周围生成的缓冲区。

通常，在建筑物周围生成缓冲区的方法可用于连续城市结构研究框架，该方法基于"膨胀-侵蚀"过程[CER 08]。膨胀过程本质上是在建筑物周围创建缓冲区，而侵蚀过程可确保减少空间组装建筑物周围缓冲区[CER 08]。"膨胀-侵蚀"过程适用于城际研究，可能会消除城市的开放空间（内部庭院、小花园等）。因此，可以仅根据膨胀过程生成建筑物周围的缓冲区。

1. 定义建筑物缓冲区

在每个建筑物周围应用缓冲区的目的是，通过考虑无法根据 BD TOPO®数据库提供的数据（梯田、车库、附属建筑等）识别的人工区域近似其物理特征，以恢复其"实际"占地，但是此处理不可以测量城市空间扩张。建筑物缓冲区的定义需要以下三个主要步骤：

（1）计算建筑物表面；

（2）选择并移除最小的建筑物（<20m^2）；

（3）在每个建筑物周围定义一个缓冲区。

选择和删除建筑物特征的 QGIS 功能如下。

- 通过表达式选择：QGIS geoalgorithms → Vector Selection tools → Select by expression

缓冲区的定义可能会随土地利用情况和目标空间规模变化。如前所述，过大的缓冲区趋于减少城市的开放空间，这对于城市内规模的研究是不适用的。相反，如果缓冲区过小，则会提供建筑物空间范围相关的其他细节信息。换句话说，结果很大程度上取决于所选的缓冲区半径和目标研究尺度。在 CERTU 方法用户指南[CER 08]中，城市间研究的缓冲区半径通常为 15～40m。

对于第戎市案例，可以通过测试不同的缓冲区半径选择阈值，该阈值允许在街区保留开放空间。最终每个建筑物周围缓冲区半径固定为 10m，这样可以观察到街区内的开放空间，如第戎市中心所示的单个花园或内部庭院（图 3.6）。

① CERTU 是法国的一个网络、交通基础设施、城市规划和公共建筑研究所。2014 年以来，它被整合到称为 CEREMA 的更大的公共机构中。

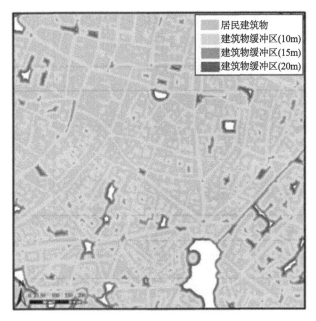

图 3.6　在密集建筑区域中进行的各种缓冲区半径测试（10m、15m 和 20m）：第戎市中心
该图的彩色版本（英文）参见 www.iste.co.uk/baghdadi/qgis3.zip, 2020.10.15

　　不过，尽管建筑物占地对于市中心和居民区是足够的，但第三产业区的建筑物占地却会被低估。实际上这些城市空间具有一定的特征，例如，每个建筑物[①]周围都有较大的停车场或存在相对较大的主要由人工区域构成的存储区域。因此对于第三产业区中的建筑物，缓冲区半径固定为 15m（详细信息参阅"第三产业区建筑物的特定处理"）。换句话说，根据不同土地用途应用了两个缓冲区半径，以考虑所有建筑物的特殊性。

　　2. 第三产业区建筑物的特定处理

　　首先，使用 CLC 数据库（空间分辨率为 100m 的栅格文件）识别第三产业区中的建筑物。然后，结合 CLC 栅格图层和建筑物矢量图层，在属性表中标识每个建筑物的土地用途：

栅格和矢量图层相交的 QGIS 功能如下。
- Raster to target vector field → Zonal statistics → Zonal statistics···

　　然后，根据土地用途分别生成每栋建筑物周围的缓冲区（根据 CLC：第三产业区、住宅区、市中心等）。因此，对位于第三产业区（CLC 代码：3 和 4）中的

---

　　① BD TOPO®数据库中，公园区域小于 1/2hm² 的不会输入。

每座建筑物分配了 15m 的缓冲区半径，为其他建筑物分配了 10m 的缓冲区半径。
图 3.7 给出了这两个特定的缓冲区。

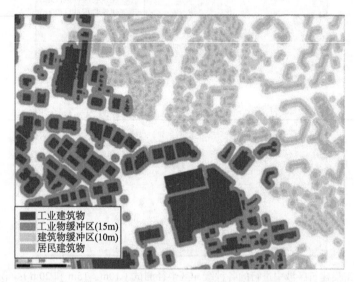

图例：
- 工业建筑物
- 工业物缓冲区(15m)
- 建筑物缓冲区(10m)
- 居民建筑物

图 3.7　混合区域的缓冲区分配，包括东北部的一个居民区和西南部的一个工业区：位于第戎
市郊区的 Quetigny（Lat：6692129.501971; Long：858612.392790）第三产业区
该图的彩色版本（英文）参见 www.iste.co.uk/baghdadi/qgis3.zip, 2020.10.15

从属性表中的新字段创建缓冲区的 QGIS 功能如下。
- Open attribute table → Open the field calculator （Ctrl-I）

3.2.2.3　植被区域预处理

BD TOPO®数据库可以用来区分面积大于 500m² 的所有林木和森林区域[IGN
16]。因此，BD TOPO®不适于观察城市植被的多样性，如草本植被，这是城市中
非常常见的植被类型（并且会占据很大一部分城市空间）。如图 3.8 所示，OSM 数
据库可以提供补充信息。

OSM 数据库基于志愿地理信息（VGI）[GOO 07]，因此必须谨慎处理它提供
的数据。但是，"与人们对 VGI 数据的认识相反，对于 GIS 使用而言，准确性仍
然可期，尤其是在法国" [LAM 13]。在本案例中，OSM 数据库提供的 LANDUSE
要素类可以区分植被的不同类型空间。图 3.8 详细说明了根据 LANDUSE 图层进
行选择和提取的字段。结果中获得两个植被图层：一个来自 OSM 数据库，另一
个来自 BD TOPO®数据库。

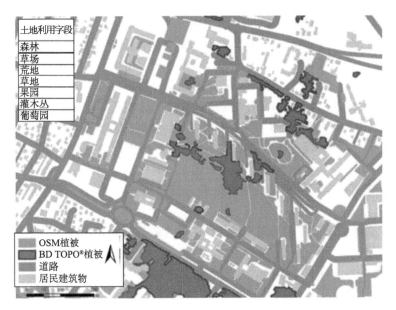

图 3.8　OpenStreetMap 和 BD TOPO® 在开放景观中的植被互补性：第戎市大学校园
该图的彩色版本（英文）参见 www.iste.co.uk/baghdadi/qgis3.zip, 2020.10.15

其中有部分几何数据重叠，如 OSM（草地类）的草地和 BD TOPO® 的林区（森林类）（图 3.8）。因此，在合并两个植被图层（一个来自 BD TOPO® 数据库，另一个来自 OSM 数据库）之前，需要确保不同植被区域没有重叠，如图 3.8 所示。

3.2.2.4　缓冲区定义和合并图层：生成人为化数据

这一步是土地利用数据处理链的最后一步，一方面，合并被识别并处理为"人工"地面的区域（建筑和交通基础设施），另一方面，合并被标识为"自然"地表的区域（植被和水文区域）。为方便起见，会针对每种地表类型（人工和自然）生成一个文件，以便估算该地区的人为化百分比（图 3.1）。可以将所有几何合并为单个空间实体（溶解）进行地理数据处理：

合并图层的 QGIS 功能如下。
- Vector → Vector geometry tools → Dissolve

1. 自然区域预处理：植被和水文区域

自然区域文件结合了 BD TOPO® 数据库提供的植被（见 3.2.2.3 节）和水体数据。再次说明，留意植被和水文区域的非重叠部分非常重要。为了保留 BD TOPO® 的自然水文区域，可以使其与植被区域的几何进行求交集处理（参阅 3.2.2.1 节中"生成交通基础设施图层"）。裁剪处理完成后，将两个图层合并到包含植被和水

59

文地理区域的自然区域文件中。

2. 人工区域预处理：建筑物和交通基础设施区域

人工区域的预处理类似于自然区域的预处理。可生成人工区域文件的数据包括交通基础设施（参阅 3.2.2.1 节）和建筑物（参阅 3.2.2.2 节）占地，还集成了与停车场或大型高速公路收费区相关的地表数据。这些几何数据最初由 BD TOPO® 数据库提供（主题：SURFACE_ROADS），可将超过 0.5hm² 的所有路面考虑在内 [IGN 16]。为轻松处理占地数据，可将人工和自然图层合并为同一图层。但在执行此操作前，需要逐步执行以下 GIS 处理，以确保图层信息没有重叠：

（1）建筑物与路面相交的联合处理，然后将其合并为与建筑物关联的地表数据。

（2）交通基础设施相关的先前操作的联合处理，对建筑物与交通基础设施地表进行差异处理。

处理不同地表间的重叠后，通过数据合并可以生成人工区域文件。然后进行区分自然区域和人工区域的最后处理，以矢量格式生成与地区人为化相关的信息（图 3.9）。

图 3.9　在图 3.1 中步骤 2 结束时的人为化地图
该图的彩色版本（英文）参见 www.iste.co.uk/baghdadi/qgis3.zip, 2020.10.15

3.2.3　计算人为化指数

计算人为化指数是为了对地区范围内的人类活动有一个整体认识。规则网格的空间分辨率非常重要，因为人为化指数是通过规则网格计算的。在本例中，分辨率是为 MAM 选择的分辨率（分辨率为 150m×150m）。在实践中，此网格将用作中间层（掩膜图层），其中将进行以下三个计算：人为化百分比、自然区域地表和人工区域地表[①]：

创建常规网格的 QGIS 功能如下。
- 生成网格：Vector → QGIS geoalgorithms → Vector Grid···

第一阶段是计算每个网格点内的人工区域地表。执行以下处理[②]：

（1）计算每个网格点内不同区域的地表：此处理分为两个子步骤。首先，根据网格对地表数据进行裁剪处理（图 3.10）。其次，根据其所附着的网格单元计算每个区域（自然和人工）地表。

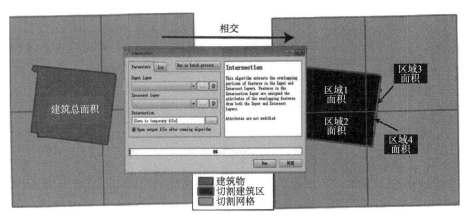

图 3.10 根据常规网格进行相交 GIS 处理图示（QGIS 功能：Intersection）
该图的彩色版本（英文）参见 www.iste.co.uk/baghdadi/qgis3.zip, 2020.10.15

根据网格裁剪区域的 QGIS 功能如下。
- 根据多边形裁剪区域：QGIS geoalgorithms → Vector Overlay tools → Intersection···

（2）计算人为化百分比（指数）：最后处理的是网格地表数据的空间连接。从每个网格单元相关联的信息中可以知道网格单元内地表是人工的还是自然的。注意，白色区域（无地表数据空间）被视为自然空间。然后，根据以下公式计算每个网格单元的人为化百分比：

$$人为化百分比_i = \frac{人为化面积_i}{总面积_i} \times 100 \qquad (3.1)$$

[①] 此外，每个网格点都可以关联大量信息，如平均标高、建筑物的平均高度、阴影效果等。这些信息可用作 MAM 的不同输入参数。

[②] 为减少处理时间，可以将所有地表几何合并为单个几何数据(QGIS 功能 dissolves)，但也是可选的。

其中，人为化百分比$_i$为每个网格的人工区域地表；总面积$_i$为每个 150m×150m 点的目标网格地表（即 22500m²/格点 i）。最终结果是分辨率为 150m 的地区人为化影像，如图 3.11 所示。

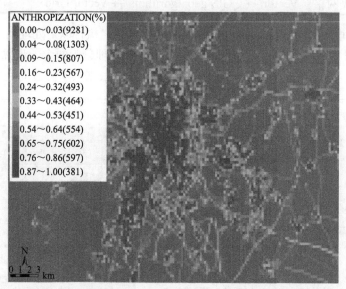

图 3.11　研究区域中分辨率为 150m 的人为化指数

括号内为每个%类的关联要素个数。该图的彩色版本参见 www.iste.co.uk/baghdadi/qgis3.zip, 2020.10.15

3.2.4　讨论和展望：遥感对植被测绘的贡献

本节目标是使用高分辨率遥感产品完成前面的估计。如果基于矢量数据集的处理以建筑物和交通基础设施等城市要素为中心，与卫星影像相关的处理则能够通过使用植被指数，如 NDVI（归一化植被指数）提取自然地表，特别是植被的准确信息。该信息可能在本研究框架中具有重要意义，因为与本章介绍的处理相关的偏差主要是源于植被（参阅 3.2.2.3 节）。这一点在图 3.11 已经突出显示，城乡空间差异很大。这里有趣的是，位于市区外的空间主要是自然区域（100%），但实际上这些空间是混合区，如图 3.11 所示。为了将遥感植被产品融合到现有处理链中，可以根据法国土地数据中心 THEIA[1]提供的 Landsat 影像（空间分辨率为30m）提取 NDVI。NDVI 是根据红光（ρ_{Red}）波段和近红外（ρ_{NIR}）波段的表面反射率（已校正大气影响的大气顶部[TOA]反射率）得出的：

$$\mathrm{NDVI} = \frac{\rho_{NIR} - \rho_{Red}}{\rho_{NIR} + \rho_{Red}} \qquad （3.2）$$

---

① THEIA 提供的 Landsat 数据：https://theia-landsat.cnes.fr/rocket/#/search？collection =Landsat, 2020.10.15。

NDVI 理论上介于−1～1 之间，负值对应于水体。根据[SOB 04]，NDVI 的分类可以定义城市空间内的三种植被类型：

第一类：人工区域，0<NDVI<0.20；

第二类：混合区域，0.20≤NDVI≤0.5；

第三类：植被区域，NDVI>0.5。

在本节中，仅考虑以植被为主的区域（第三类，NDVI>0.5）。对于目标网格的每个网格 i（空间分辨率为 150m），可以计算每个植被类的像素数量（30m×30m）。然后每个网格 i 中的植被百分比计算如下：

$$植被百分比_i = \frac{NDVI > 0.5的像素数量}{像素总数} \times 100 \qquad （3.3）$$

最后，图 3.12 展示了两个指标（通过 GIS 处理的人为化和通过遥感处理的植被）的结合。注意，最终地图的空间分辨率为 30m。

图 3.12 中位于第戎市外的城市郊区的异质性比图 3.11 中更高。这种异质性凸显了森林和混合区域间的强烈反差，这是农业地区特有的。现在以第戎市为中心，可以在密集建筑区域内观察到城市公园。后一个结果很好地说明了 GIS 处理（用于人工区域）和遥感处理（用于植被区域）间的互补性。结果表明，高（或极高）空间分辨率的遥感产品可能会通过更好地突出城市区域外（如森林与城市地区）或市中心（如密集建筑区域内的公园）中人工区域与自然区域间的对比，帮助改善人为化指数的计算。

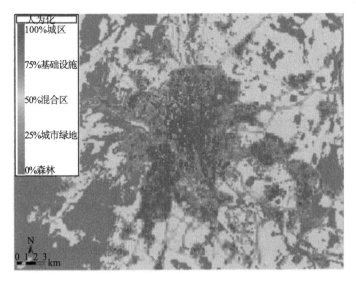

图 3.12 空间分辨率为 30m 时的地区人为化指数

该图的彩色版本（英文）参见 www.iste.co.uk/baghdadi/qgis3.zip，2020.10.15

　　总而言之，有必要指出，研究区域的大小及其空间分辨率是选择最佳方法的关键因素。在相对较大的研究区域中进行处理需要大量的计算时间。如果处理是在研究区域范围内进行的，则后者将进一步增加。这里的方法似乎更适用于相对受限的区域。实际上，在空间分辨率为 30～150m 的过渡，本质上倾向于提供相当平滑和连续的城市空间形态。在本章最后，将说明两种不同类型产品之间的互补性：一方面是以 150m 空间分辨率（BD TOPO®）处理的矢量数据，另一方面是以 30m 的空间分辨率提供的遥感数据（Landsat 影像）。从某个角度来看，建议基于极高分辨率遥感产品（如基于 Pléiades 影像）以更精细的尺度评估这些结果。

3.3　处理链实例研究

　　本节介绍了前述处理链的实际案例研究，目的是：①将建筑物高度集成到 DTM 中；②获得人为化指数。为获得缓冲区处理快速计算结果，研究区域选择在凯蒂尼市（Quetigny，第戎市东部），其空间坐标为（RGF 93-EPSG：2154）：$x_{min} = 857340.573349$；$y_{min} = 6691455.57952$；$x_{max} = 861840.573349$；$y_{max} = 6695205.57952$。

3.3.1　软件和数据库

　　本案例研究需要使用 QGIS 软件（长期发行版 2.14[①]），用到的所有扩展程序需另外下载。这样就能够在进行不同的处理时使用相同的默认版本。BD TOPO® 不是开放的数据库，因此，本案例研究使用 OSM 提供的样例数据库进行详细说明。但是建议使用 BD TOPO® 数据库或其他提供建筑物形态[②]3D 描述的数据库。第三个维度得以支持考虑类似于 SVF 的城市垂向维度。在本实践研究中，可从以下来源在线下载输入数据集：

　　（1）从以下地址下载 BD ALTI®（分辨率为 75m×75m）：http://professionnels.ign.fr/bdalti#tab-3, 2020.10.15。如果下载 BD ALTI® 数据库，则应从以下文件夹中提取 DTM：

　　↵\BDALTIV2_2-0_75M_ASC_LAMB93-IGN69_FRANCE_2017-01-04\BDALTIV2\1_DONNEES_LIVRAISON_2017-02-00100\BDALTIV2_DTM_75M_ASC_LAMB93_IGN69_FRANCE\BDALTIV2_75M_FXX_0825_6750_DTM_LAMB93_IGN69.asc，重命名为 DTM_BOURGOGNE。

　　（2）可从以下网站获得 OSM 数据库：http://download.geofabrik.de/europe/

[①] QGIS 软件的 Web 链接：http://qgis.org/en/site/forusers/download.html, 2020.10.15。

[②] 在此实际案例研究中，建筑物高度不可用，因此这里使用了虚拟高度。

france/bourgogne.html, 2020.10.15。应该下载的文件夹名称是：bourgogne-latest-free.shp.zip，重命名为 BOURGOGNE_OSM。

（3）下载 2006 年分辨率为 25m 的 Côted'Or CLC 数据集（修订版：CLC06R_D021_RGF.tif）：http://www.statistiques.developpement-durable.gouv.fr/clc/fichiers/，2020.10.15。

3.3.2　将建筑物高度集成到 DTM

3.3.2.1　BD ALTI® 数据预处理

DTM 的预处理步骤见表 3.3。

表 3.3　DTM 的预处理步骤

步骤	QGIS 操作
1. 将 ASC 格式转换为 Tiff 格式	在 QGIS 中： 单击 Raster → Conversion → Translate (Convert Format)… 在 translate 中： （1）选择输入图层：BDALTIV2_75M_FXX_0825_6750_DTM_LAMB93_IGN69.asc； （2）设置输出文件名：DTM_BOURGOGNE； （3）选择目标 CRS：RGF93 / Lambert-93/EPSG 2154。
2. 裁剪研究区域	在 QGIS 中： 单击 Raster→ Extraction → Clipper… 在 Clip 中： （1）选择输入图层：DTM_BOURGOGNE； （2）设置输出文件名：DTM_DOM； （3）单击扩展模式并选择此范围坐标：xmin: 857340.573349；ymin: 6691455.57952；xmax: 861840.573349；ymax: 6695205.57952。

3.3.2.2　建筑物数据预处理

建筑物高度栅格化的步骤见表 3.4。

表 3.4　建筑物高度栅格化的步骤

步骤	QGIS 操作
1a. 重投影并裁剪建筑物图层	在 QGIS 中： 打开 OSM shapefile 文件：gis.osm_buildings_a_free_1。 在 QGIS Processing Toolbox 中： （1）单击 QGIS geoalgorithms → Vector general tools→ Reproject layer； （2）选择目标 CRS：RGF93 / Lambert93 / EPSG 2154。 在 QGIS Processing Toolbox 中： 单击 GDAL/OGR → [OGR] Geoprocessing → Clip vectors by extend. 在 Clip 中： 输入图层。

续表

步骤	QGIS 操作
1a. 重投影并裁剪建筑物图层	选择以下裁剪范围：xmin: 857340.573349；ymin: 6691455.57952；xmax: 861840.573349；ymax: 6695205.57952。 设置输出文件名：BUILDING。
1b. 在新字段中创建建筑物高度特征（如果正在使用 OSM 数据库）	打开 BUILDING 属性表： 打开 field calculators（Ctrl+I）。 在 field calculators 中： （1）创建新字段 HEIGHT； （2）将 output field length 定义为 4； （3）输入表达式：Rand（1,10）：1~10 之间的随机图层属性； （4）保存编辑； （5）关闭编辑模式（Ctrl+E）。
2. 将 shapefile 转换为栅格	在 QGIS 中： 单击 Raster → Conversion → Rasterize (Vector to Raster)··· 在 rasterize 中： （1）选择输入图层：BUILDING； （2）选择属性字段：HEIGHT； （3）设置输出文件名：BUILDING； （4）以地图单位定义栅格分辨率为每像素 1m。

3.3.2.3 DTM 和建筑物数据集成

建筑物高度整合到 DTM 的步骤见表 3.5。

表 3.5 建筑物高度整合到 DTM 的步骤

步骤	QGIS 操作
1. 将 DTM 栅格数据重采样到更细的网格（插值）	在 QGIS 中： 单击 Processing → Toolbox (keyboard shortcut: Ctrl+Alt+T)。 在 Toolbox 中： 打开插值重采样工具：GRASS commands → Raster → r.resamp.interp。 在 resample interpolation 中： （1）选择输入图层：DTM_DOM； （2）选择 sampling interpolation method：双线性； （3）使用以下选项，选择 DTM_DOM 为区域范围（···→ Use layer/canvas extend → ）； （4）定义 region cellsize 大小为 5m； （5）设置输出文件名：DTM_DOM_5m。

续表

步骤	QGIS 操作
2. 将建筑物高度栅格数据重采样为更粗糙的网格（聚合）	在 QGIS 中： 单击 Processing → Toolbox（keyboard shortcut: Ctrl+Alt+T）。 在 Toolbox 中： 打开聚合重采样工具：GRASS commands → Raster → r.resamp.stats。 在 resample aggregation 中： （1）选择输入图层：BUILDING； （2）选择聚合方法：模式； （3）使用以下选项选择 DTM_DOM 作为区域范围（…→Use layer/canvas extend →）； （4）定义 region cellsize 为 5m； （5）设置输出文件名：BUILDING_5m。
3. 合并栅格	打开 Raster Calculator（Raster Toolbar → Raster Calculator…）： （1）输入以下表达式： "BUILDING_5m@1"+"DTM_DOM_5m@1" （2）选择前述的区域范围； （3）设置输出文件名（GeoTIFF）：DTM_BUILDING。

3.3.3 自然和人工区域地理数据生成

这一步旨在处理与交通基础设施、建筑物、植被和水文地理区域相关的 OSM 矢量图层。为优化计算时间，建议使用批处理工具进行重投影和裁剪数据集。可以通过以下方式使用批处理模式：①单击 Run as batch process…；②右键单击"处理工具箱"，然后选择 Execute as batch process，如图 3.13 所示：

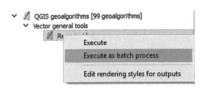

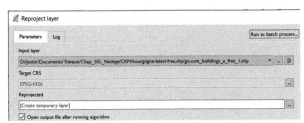

图 3.13 QGIS 的批处理

批处理模式下的图层重投影（图 3.14），单击 QGIS geoalgorithms → Vector

general tools → Reproject layer。然后将 WGS 84 本地投影（CRS：EPSG：4326）转换为 Lambert RGF93（目标 CRS EPSG：2154），将输出图层重命名：

（1）gis.osm_landuse_a_free_1 重命名为 LANDUSE；

（2）gis.osm_railways_free_1 重命名为 RAILWAYS；

（3）gis.osm_roads_free_1 重命名为 ROADS；

（4）gis.osm_water_a_free_1 重命名为 WATER_AREA；

（5）gis.osm_waterways_free_1 重命名为 WATER_WAY。

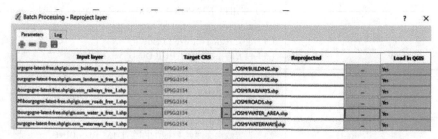

图 3.14   在批处理模式下重投影图层

然后裁剪研究区域（图 3.15），单击 GDAL/OGR → Geoprocessing → Clip vectors by extent，选择以下范围坐标：x_{min}=857340.573349；y_{min}=6691455.57952；x_{max}=861840.573349；y_{max}=6695205.57952。然后如下所示重命名输出图层：

（1）BUILDING 重命名为 BUILDING_DOM；

（2）LANDUSE 重命名为 LANDUSE_DOM；

（3）RAILWAYS 重命名为 RAILWAYS_DOM；

（4）ROADS 重命名为 ROADS_DOM；

（5）WATER_AREA 重命名为 WATER_AREA_DOM；

（6）WATER_WAY 重命名为 WATER_WAY_DOM。

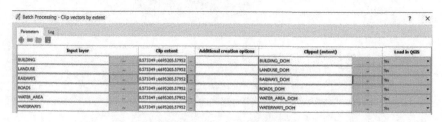

图 3.15   批处理模式下裁剪图层

3.3.3.1   交通基础设施预处理

交通基础设施区域的创建步骤见表 3.6。

表 3.6 交通基础设施区域的创建步骤

步骤	QGIS 操作
1. 定义铁路宽度	输入矢量图层：RAILWAYS_DOM。 打开属性表： 打开 field calculators（Ctrl+I）。 在 field calculators 中： （1）创建一个新字段 WIDTH。注意，这应该是一个精度至少为 3 的十进制数（实数）： ☑ Create a new field ☐ Create virtual field Output field name WIDTH Output field type Decimal number (real) Output field length 10 Precision 3 （2）输入以下表达式： 3.935 （3）保存编辑； （4）关闭编辑模式（Ctrl+E）。
2. 创建铁路区域	在 QGIS 中： 单击 Vector → Geoprocessing Tools → Buffer… 在 variable distance buffer 中： （1）选择输入图层：RAILWAYS_DOM； （2）选择距离字段：WIDTH； （3）单击溶解结果； （4）设置输出文件名：RAILWAYS_AREA。

3. 定义道路宽度①	输入矢量图层：ROADS_DOM。
	打开属性表：
	打开 field calculators（Ctrl+I）。
	在 field calculators 中：
	（1）创建新的字段 WIDTH；
	（2）输入以下表达式：
	<pre>CASE
	WHEN "fclass"='cycleway' THEN 2.5
	WHEN "fclass"='motorway' THEN 20
	WHEN "fclass"='motorway_link' THEN 4
	WHEN "fclass"='primary' THEN 10
	WHEN "fclass"='primary_link' THEN 2.5
	WHEN "fclass"='residential' THEN 5
	WHEN "fclass"='secondary' THEN 8
	WHEN "fclass"='secondary_link' THEN 2.5
	WHEN "fclass"='tertiary' THEN 5
	WHEN "fclass"='tertiary_link'THEN 2.5
	WHEN "fclass"='trunk' THEN 18
	WHEN "fclass"='trunk_link' THEN 4
	ELSE 0
	END</pre>（3）保存编辑；
	（4）关闭编辑模式。

① 与 BD TOPO®数据库不同，OSM 数据库没有集成有关车道数量和宽度的信息。因此，基于 BD TOPO®道路数据库，本章定义了道路宽度的平均值。

步骤	QGIS 操作
4. 创建道路区域	在 QGIS 中： 单击 Vector → Geoprocessing Tools → Buffer… 在 variable distance buffer 中： （1）选择输入图层：ROADS； （2）选择 Distance 字段：WIDTH； （3）单击溶解结果； （4）设置输出文件名：ROADS_AREA[①]。
5. 删除几何重叠图层：差异处理	在 QGIS processing Toolbox 中： 单击 SAGA → Vector polygon tools → Difference… 在 Difference 中： （1）选择 A 图层：RAILWAYS_AREA； （2）选择 B 图层：ROADS_AREA； （3）设置输出文件名：RAILWAYS_AREA2。
6. 创建交通基础设施区域	在 QGIS 中： 单击 Vector → Data management tools → Merge vector layers。 在 Merge vector layers 中： （1）选择要合并的先前图层：RAILWAYS_AREA2 和 ROADS_AREA； （2）设置输出文件名：INFRASTRUCTURES。

3.3.3.2 建筑物数据预处理

建筑物占地的创建步骤见表 3.7。

表 3.7 建筑物占地的创建步骤

步骤	QGIS 操作

1. 计算建筑物面积，然后从属性表中选择要素	输入矢量图层：BUILDING。
	打开属性表和 field calculators。
	在 field calculators 中：
	（1）创建新字段：AREA；
	（2）输入以下表达式：
	`$area`
	（3）打开 Select by expression 窗口：
	
	（4）输入以下表达式：
	`"AREA" <= 20`
	（5）删除所选要素；
	（6）保存编辑；
	（7）关闭编辑模式。

① 由于给定的道路宽度等于 0，某些路线没有出现在缓冲区中。

步骤	QGIS 操作
2. 从 Corine Land Cover 数据分配建筑土地用途	（1）输入栅格图层 CLC06R_D021_RGF.tif； （2）输入矢量图层 BUILDING。 在 QGIS 中： 单击 Raster → Zonal statistics → Zonal statistics… 在 Zonal statistics 中： （1）选择栅格图层：CLC06R_D021_RGF； （2）选择包含区域的多边形图层：BUILDING； （3）设置输出列前缀："CLC_"； （4）选择要计算的统计量：majority。

3. 根据土地用途类型计算建筑物占地	从 BUILDING 图层中打开属性表。
	在 field calculators 中：
	（1）创建新字段：WIDTH；
	（2）输入以下表达式：
	`CASE`
	`WHEN "CLC_majori" = 121 OR "CLC_Majori"= 122 THEN 15`
	`ELSE 10`
	`END`
	（3）保存编辑；
	（4）关闭编辑模式。

4. 创建建筑物占地	在 QGIS 中： 单击 Vector → Geoprocessing Tools → Buffer… 在 variable distance buffer 中： （1）选择输入图层：BUILDING； （2）选择 Distance 字段：WIDTH； （3）单击分解结果； （4）设置输出文件名：BUILDING_AREA。

3.3.3.3　植被和水文数据预处理

自然区域的预处理步骤见表 3.8。

表 3.8　自然区域的预处理步骤

步骤	QGIS 操作

1. 从 LANDUSE 图层中提取植被区域	输入矢量图层：LANDUSE。
	打开 LANDUSE 图层的属性表。
	（1）打开 Select by expression 窗口：
	
	（2）输入以下表达式：
	`"fclass" IN ('forest','grass','heath','meadow','orchard',`
	`'Scrub','vineyard')`

步骤	QGIS 操作
1. 从 LANDUSE 图层中提取植被区域	（3）关闭窗口。 仅保存所选要素： （1）右键单击 LANDUSE 图层； （2）选择 Save As… （3）选择 Save only selected features； （4）设置输出文件名：VEGETATION。 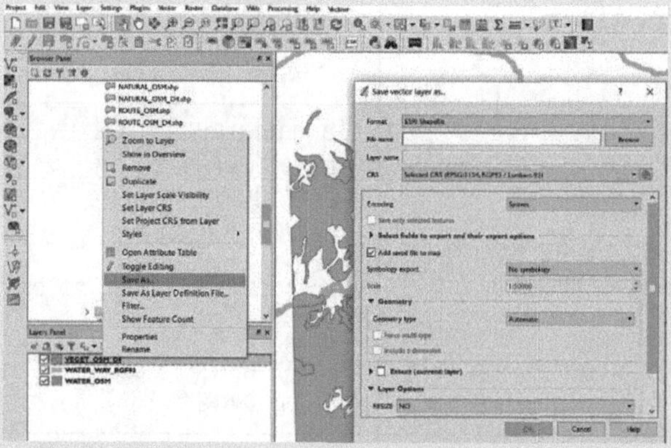
2. 创建水文地理区域	输入图层：WATER_WAY。 在 QGIS 中： 单击 Vector → Geoprocessing Tools → Buffer… 在 Fixed distance buffer 中： （1）选择输入图层：WATER_WAY； （2）选择 buffer distance 为 8m； （3）单击溶解结果； （4）设置输出文件名：WATER_WAY_AREA。 在 QGIS Processing toolbox 中： 单击 SAGA → Vector polygon tools → Difference… 在 Difference 中： （1）选择图层 A：WATER_WAY_AREA； （2）选择图层 B：WATER_AREA； （3）设置输出文件名（覆盖先前的 WATER_WAY_AREA 图层）：WATER_WAY_AREA。 在 QGIS 中： 单击 Vector → Data management tools → Merge vector layers。 在 Merge vector layers 中： （1）选择要合并的以下图层：WATER_WAY_AREA 和 WATER_AREA； （2）设置输出文件名：HYDROGRAPHY。

3.3.3.4 创建自然区域图层

自然区域的创建步骤见表 3.9。

表 3.9 自然区域的创建步骤

步骤	QGIS 操作
创建自然区域图层	输入图层：VEGISATION 和 HYDROGRAPHY。 在 QGIS Processing toolbox 中： 单击 SAGA → Vector polygon tools → Difference… 在 Difference 中： （1）选择图层 A：HYDROGRAPHY； （2）选择图层 B：VEGISATION； （3）设置输出文件名（覆盖以前的 HYDROGRAPHY 图层）：HQDROPHY。 在 QGIS Processing toolbox 中： 单击 SAGA → Vector general tools → Merge vector layers… 在 Merge vector layers 中： （1）选择输入图层：HYDROGRAPHY 和 VEGISATION； （2）设置输出合并图层：NATURAL_AREA。

3.3.3.5 创建人工区域图层

人工区域的创建步骤见表 3.10。

表 3.10 人工区域的创建步骤

步骤	QGIS 操作
1. 删除基础设施和建筑物区域之间的几何重叠图层	在 QGIS Processing toolbox 中： 单击 SAGA → Vector polygon tools → Difference… 在 Difference 中： （1）选择图层 A：BUILDING_AREA； （2）选择图层 B：INFRASTRUCTURES； （3）设置输出文件名：BUILDING_FINAL。
2. 创建人工区域图层	在 QGIS Processing toolbox 中： 单击 SAGA → Vector general tools → Merge vector layers… 在 Merge vector layers 中： （1）选择输入图层：BUILDING_FINAL 和 INFRASTRUCTURES； （2）设置输出合并图层名：ARTIF_AREA_tmp。
3. 创建最终的人工区域图层	在 QGIS Processing toolbox 中： 单击 SAGA → Vector polygon tools → Difference… 在 Difference 中： （1）选择图层 A：ARTIF_AREA_tmp； （2）选择图层 B：NATURAL_AREA； （3）设置输出文件名：ARTIF_AREA。

3.3.4　计算人为化指数

计算地区人为化指数的步骤见表 3.11。

表 3.11　计算地区人为化指数的步骤

步骤	QGIS 操作
1. 创建网格图层	在 QGIS Processing toolbox 中： 单击 QGIS geoalgorithms → Vector creation tools → Create grid。 在 Create grid 中： （1）选择网格类型：矩形（多边形）； （2）选择以下裁剪范围： xmin：857340.573349；ymin：6691455.57952； xmax：861840.573349；ymax：6695205.57952 （1）将水平和垂直间距设置为 150m； （2）选择 CRS 网格：2154（RGF 93 - Lambert 93）； （3）设置输出文件名：GRID_ANTHROP。
2. 在新字段中创建唯一 ID	打开属性表： 打开 field calculators（Ctrl+I）。 在 field calculators 中： （1）创建新字段 ID； （2）输入以下表达式： `@row_number` （3）保存编辑； （4）关闭编辑模式。
3. 区域图层和网格间的交点	在 QGIS Processing toolbox 中： （1）单击 SAGA → Vector polygon tools → Intersect； （2）选择图层 A：GRID_ANTHROP； （3）选择图层 B：ARTIF_AREA； （4）设置输出文件名：GRID_ARTIF_tmp。 在 QGIS Processing toolbox 中： （1）单击 SAGA → Vector polygon tools → Polygon dissolve (by attribute)； （2）选择多边形图层：GRID_ARTIF_tmp； （3）选择属性字段：ID； （4）设置输出文件名（已溶解）：GRID_ARTIF。
4. 计算地表面积	输入图层：GRID_ARTIF。 打开属性表和 field calculators。 在 field calculators 中： （1）创建新字段：SURF_ARTIF； （2）输入以下表达式： `$area` （3）保存编辑； （4）关闭编辑模式。
5. 将地表面积数据连接到属性	打开 GRID_ANTHROP 图层的图层属性。 在属性窗口中：

续表

步骤	QGIS 操作
5. 将地表面积数据连接到属性	（1）单击 Joins； （2）添加矢量连接： （3）连接图层：GRID_ARTIF； （4）连接字段：ID； （5）目标字段：ID； （6）选择以下目标字段：SURF_ARTIF。

6. 计算人为化指数	输入图层：GRID_ANTHROP。
	打开属性表和 field calculators。
	在 field calculators 中：
	（1）创建新字段：AREA；
	（2）输入以下表达式：
	`$area`
	在 field calculators 中：
	（1）创建新字段：ANTHROP；
	（2）输入以下表达式：
	`"GRID_ARTIF_SURF_ARTIF"/"AREA"`
	（3）将最后的图层保存为 ANTHROP_FINAL.shp。

7. 自然区域处理可选	有关植被区域的更多信息，应在 NATURAL_AREA 上执行步骤 3~6。

3.4 参考文献

[BRU 05] BRUNET R., FERRAS R., THERY H., Les Mots de la Géographie: Dictionnaire Critique, 3rd ed., La Documentation française, Montpellier, Paris, 2005.

[CER 13] CERTU, "Analyse de l'occupation des sols: Constitution d'une tache urbaine", Mesure de la consommation d'espace: méthodes et indicateurs, Collection Dossiers, Fiche 1.3, Lyon, 2013.

[CER 08] CERTU, Détermination d'un MOS et calcul d'une tache urbaine à partir de la BD TOPO de l'IGN: Etude expérimentale, CERTU, Lyon, 2008.

[ESC 91] ESCOURROU G., Le climat et la ville, Nathan University, Paris, 1991.

[GOO 07] GOODCHILD M.F., "Citizens as sensors: the world of volunteered geography", GeoJournal 69, pp. 211-221, available at: https://doi.org/10.1007/s10708-007-9111-y, 2007.

[IGN 16] IGN, "Descriptif de la BD TOPO : Version 2.1.", available athttp://professionnels.ign.fr/sites/default/files/DC_BDTOPO_2_1.pdf, Saint Mandé, 2016.

[LAM 13] LAMBERT N., ZANIN C., "OpenStreetMap: collaborer pour faire des cartes", M@ppemonde, vol. 110, no. 2, available at: http://mappemonde-archive.mgm.fr/num35/ internet/ int12301.html, 2013.

[LE 15] LE BRAS J., MASSON V., "A fast and spatialized urban weather generator for long-term urban studies at the city-scale", Frontiers in Earth Science, vol. 3, 2015.

[MAS 15] MASSON V., HIDALGO J., AMOSSÉ A. et al., "Urban Climate, Human behavior & Energy consumption: from LCZ mapping to simulation and urban planning (the MapUCE project)", 9th International Conference on Urban Climate. CNRM-Météo France, Toulouse, France, 2015.

[OKE 73] OKE T.R., "City size and the urban heat island", Atmospheric Environment, vol. 7, pp. 769-779, 1973.

[ROU 14] ROUX J., L'îlot de Chaleur Urbain à Dijon: Mise en place d'une campagne de mesures urbaines de la température, Master's thesis, University of Burgundy, Dijon, 2014.

[RYU 11] RYU Y.H., BAIK J.J., LEE S.H., "A new single-layer urban canopy model for use in mesoscale atmospheric models", Journal of Applied Meteorology and Climatology, vol. 50, pp. 1773-1794, 2011.

[SOB 04] SOBRINO J.A., JIMÉNEZ-MUÑOZ J.C., PAOLINI L., "Land surface temperature retrieval from LANDSAT TM 5", Remote Sensing of Environment, vol. 90, pp. 434-440, 2004.

[VEY 97] VEYRET Y., PECH P., L'homme et l'environnement, 2nd ed., Presses Universitaires de France, Paris, 1997.

4

机载光学遥感用于城市环境水池制图的潜力

Josselin Aval，Thierry Erudel

4.1 概述

对于特定城市场景，水池地图定义为关于每个水池在某个时间的位置、边界和其他信息（忽视体积等）的知识。

对于城市管理者而言，该地图有以下几个优点：

（1）检测容易产生蚊子危害且被忽视的水池。这些蚊子叮咬人类容易传播西尼罗（West Nile）病毒[KIM 11]。

（2）准确定位水容量。发生火灾时，消防员可以使用该处水源[ROD 14]。

（3）充分考虑维护水池有关的能源成本[GAL 09]。

（4）通过税收服务控制申报的财产[PHI 17]。

考虑到水池具有的大量特性，不可能通过诸如实地调查或航空影像相片判读进行手动制图。实际上手动制图不够详尽，也不能进行定期更新。例如，法国是全球私人水池的第二大市场，2000 年为 708000 个水池，2009 年底有 1465840 个水池，2010 年仅次于美国[LE 10]，表明水池数量庞大并且存在显著的动态变化。

遥感是用于根据物体发出或反射的辐射远距离表征物体的一组技术[LIE 08]。根据此定义，人们容易理解存在多种遥感技术，主要取决于距离和测得的辐射。从距离上分类，有地面遥感、无人机遥感、机载遥感和卫星遥感。另外可以测量可见光和红外（IR，光学）、微波等辐射。根据应用的不同，某种遥感技术可能比另一种更合适。

如今，遥感可应用在城市环境中进行水池制图[KIM 11]，本章的目的是展示使用 QGIS 软件和 Python 脚本等免费工具，展示机载光学遥感进行水池制图的潜力。4.2 节详细介绍了该应用潜力研究所需的数据。

4.2 方法

图4.1展示了研究机载光学遥感在城市环境中进行水池制图应用潜力的方法，该应用潜力研究的主要步骤如下：

（1）数据获取和预处理；

（2）参考地图定义；

（3）要素提取；

（4）分类；

（5）预测图定义；

（6）效果评价。

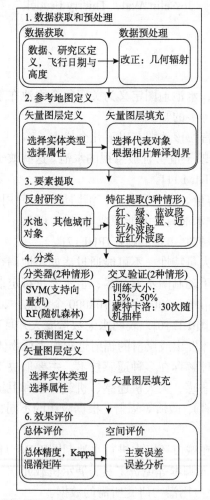

图 4.1　研究机载光学遥感在城市环境中进行水池制图应用潜力的方法

该图的彩色版本（英文）参见 www.iste.co.uk/baghdadi/qgis3.zip, 2020.10.15

4.2.1 数据获取和预处理

4.2.1.1 数据获取

1. 数据定义

物体光谱反射率表明其电磁辐射的反射特性是波长的函数。不同性质的物体（水、植被等），其光谱反射率可能会有所不同，我们可以看到水的光谱反射率特征。

在遥感技术中，基本要素之一是成像仪，它可以获取被研究物体的辐射测量值。具体地，高光谱成像仪被设计用于获取影像，其中每个像素包含与电磁辐射特定波长（光谱波段）对应的大量测量值。这使得人们可以估计具有高光谱分辨率的城市场景对象的光谱反射率（也称为光谱反射率采样）。现已有各种高光谱成像仪，如搭载在对地观测 1 号卫星（Earth Observing-1，EO-1）上的高光谱成像仪 Hyperion（220 个光谱波段，介于 0.4～2.5μm 之间，空间分辨率为 30m）和搭载在专用飞机上的 AVIRIS（机载可见/红外成像光谱仪）（224 个光谱波段，0.4～2.5μm，空间分辨率为 1m 数量级）。两者均由美国国家航空航天局（NASA）研发。此外，德国计划于 2019 年发射环境制图和分析计划（EnMap）高光谱卫星。

现在，机载高光谱数据具有 1m 数量级的空间分辨率，可以对城市环境中不同类型的物质进行分类[AKB 16]。因此，本章提出的方法主要面向机载高光谱数据。本例中使用法国国家航空航天研究院（ONERA）[1]的 HySpex[2] VNIR 摄像机（160 个光谱波段）（可见光近红外；0.4～1μm）。

> 打开影像的 QGIS 功能如下。
> - Layer → Add Raster Layer → …

2. 研究地点、飞行日期和高度定义

研究地点必须代表城市环境，以便说明针对这种情况使用机载高光谱数据进行水池制图的潜力可应用到整个城市甚至其他城市。

在冬季不适合飞行，因为这些水池可能会被防水油布覆盖，而油布的光谱反射率可能会与其他材料的光谱反射率混淆，使得制图变得更加复杂。

为了区分水池，影像必须具有 1m 量级的空间分辨率。它根据飞行高度和仪器参数进行计算，高度越低，空间分辨率越高。

---

[1] ONERA：法国国家航空航天研究院，其中光学技术部（Département Optique et Techniques Associées，DOTA）主要获取并操作遥感数据。

[2] HySpex：一家生产高光谱相机的挪威公司。

4.2.1.2 数据预处理

1. 几何预处理

在数据采集期间，机载影像会经历一定程度的几何变形，这些几何变形可分为两类：

（1）与拍照有关的变形，是飞机的不稳定性（横滚、俯仰和偏航），或是摄影角度引起的。掌握传感器的操作并考虑飞行参数，可以部分纠正这些错误。

（2）与地球曲率、自转和地势有关的变形，其建模更为复杂。

与飞机不稳定性或地球旋转相关变形的影响会导致影像模糊。需要特殊的预处理操作提高影像清晰度，但在本章不讨论这些，因为本例中这种影响可以忽略不计。此外，与倾斜角、地球曲率及地形相关的变形（即所谓的几何变形）可能导致影像中两个相邻像素间距离不同。这会导致难以叠加不同配置下获取的两个影像。它类似于人站在塔上观察城市：他会看到塔附近建筑物大于远处的建筑物。本例中这些影响非常重要，需考虑在内。

校正几何变形可将影像放置在参考框架中，从而能够叠加不同成像仪在不同日期采集的影像。对这些变形进行建模，然后利用正射纠正步骤，通过影像变换对其进行校正，以使其位于影像的参考框架中，它是成像仪在整个场景以最低角度获取的，视域为空。

由于这些变形不容易建模并且已有经过正射纠正的影像，因此一种解决方案是将感兴趣的影像从配准点（也称为地面控制点，GCP）配准到已进行了正射纠正的影像上。为了执行此配准，应该在需要重新校准的影像中识别 GCP。通常选择特征明显的点，如市区屋顶交叉点。然后需要在已经过正射纠正的影像中寻找同名点，以获取其坐标。例如，可以在影像中标识屋顶相交点，然后尝试在谷歌地球影像中找到该交点。这些点随后用于校准转换模型，并进一步将其应用于整个影像。根据转换类型的不同，所需 GCP 最小数量也会有变化。例如，二阶多项式变换至少需要 6 个 GCP。该配准的质量取决于两个影像同名点间的符合质量以及 GCP 数量。GCP 数量应与要校正的变形有关。实际上，变形越大，所需的 GCP 越多。根据两个影像可以获得最低空间分辨率的数量级精度。

> 配准影像的 QGIS 功能如下。
> - Raster → Georeferencer → Georeferencer⋯

2. 辐射预处理

辐射预处理是对每个像素和光谱波段，将 HySpex VNIR 摄像机的测量值

（12 位编码的"数字计数"，每个像素和每个光谱波段有"4096 个值"）转换为地面反射率因子[朗伯（Lambertian）表面情况下为 0～1]。通过消除大气对测量辐射路径的影响，地面反射率因子可以从本质上表征构成研究场景的物体。

此步骤考虑了与传感器相关的几个校准参数，地面与飞机间大气状态以及获取日期（一天中的时间和季节不同，太阳辐照度不同），包括绝对增益和偏移校准系数，水汽廓线和太阳天顶角[LIE 08]。校准系数会由相机制造商提供并由 ONERA 针对每次测量活动进行重新估算，水汽廓线可以根据与影像获取日期同一时间的地面测量或通过辐射传输模型估计获得。对于太阳天顶角，只要知道获取日期的世界时（Universal Time），就可以轻松获得指定位置的天顶角。获取反射率的步骤很精妙，因为对同一影像的不同光谱波段，大多数必需的参数不同。如对人类而言，大气呈现蓝色，因为构成大气的粒子散射蓝光波段的波长比其他区域更多，如红光波段。这突出了散射对波长的依赖性，下面将进一步讨论光谱反射率。

辐射校正时使用 ONERA 开发的辐射传输代码 COERAISE[POU 02]（嵌入式传感器图像的高光谱大气校正代码）。它假设地面平坦，这意味着对于部分阴影的辐射校正存在错误，结果导致建筑物或树木遮荫下的部分泳池不能很好地检测到。但是，可以认为大多数水池都无遮挡，因此这种假设是可用的。

4.2.2 参考地图定义

本章提出的方法需要使用参考地图验证。另外，在进行游泳池制图时，可以采用一种监督学习方法，从参考地图提取的像素可用于定义分类规则，即定义训练集。参考地图应包含水池和其他对象（屋顶、植被等）。

4.2.2.1 矢量图层定义

矢量，也就是 GIS 背景下的矢量数据，包含大量二维几何对象的几何和属性特征，这些对象是在卫星或飞机上的观察者视角下的场景中对象，其几何数据已经过几何校正。ESRI 的 shapefile 格式常用于表达矢量数据。根据所关注对象的几何特征，矢量有三种基本类型：点、折线和多边形。属性特征可以是各种类型的（如对于水池，可以有表示水池面积的实数或反映忽视级别的整数）。

1. 实体类型的选择

从飞机上观察者的视角看，水池的边界为多边形。因此，为了表示几何图形，将多边形视为实体是合理的。

2. 属性的选择

水池或其他对象必须逐个标识，因此它们必须具有与其标识匹配的属性。另外，对象不是水池就是其他物体，因此需要另一个属性表征对象的类别（水池或非水池）。即使不是必需的，引入另一个属性描述非水池类也是有意义的，特别是指定对象是屋顶、植被还是道路。

创建矢量的 QGIS 功能如下。
- Layer → New → New Shapefile Layer…

4.2.2.2 矢量图层填充

1. 选择代表性对象

为具备一定的多样性，从而提高监督分类器的判别和泛化能力，需要选择不同类型的对象，除水池外还有屋顶、植被和道路。参考地图上的城市对象越具有代表性，则该方法越能更好地处理不同的情况。

2. 影像解译划定轮廓

水池应仔细划分，并注意不要将其与其他物体混淆。尽管它们在高光谱影像上被定界，并且 1m 数量级的空间分辨率足以区分这些水池，但还是应该使用法国国家地理和森林信息研究所（IGN）Géoportail①提供的具有极高空间分辨率（0.25～0.5m）的 RGB（红光、绿光、蓝光：三个宽光谱波段，类似于人类所看到的）航空影像。这可以帮助消除水池边缘的歧义，如消除潜在的材料混杂。

创建多边形的 QGIS 功能如下。
- Layer→ Toggle Editing
- Edit → Add Feature

4.2.3　要素提取

1. 水池

4.2.3.1 光谱反射率研究

游泳池（水池类）是一个装满水的人造水池。因此，水池的光谱反射率取决于水和池的光学特性。图 4.2 举例说明了相对清澈与浑浊水体的光谱反射率差异[LOI 13]。

① https://www.geoportail.gouv.fr/, 2020.10.15。

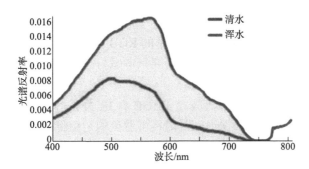

图 4.2 相对清澈与浑浊水体的光谱反射率[LOI 13]

该图的彩色版本（英文）参见 www.iste.co.uk/baghdadi/qgis3.zip, 2020.10.15

超过 750nm，也就是在 IR 波段，反射率接近零，这源于该区域水的高光谱吸收率。了解水池的光学特性并不容易。假设能检测到所有水池，可以利用清澈水和浑浊水之间的反射率差异识别被忽略的水池；因此可以合理假设，一个被忽视的水池可能含有更加浑浊的水。

2. 其他城市物体

图 4.3 展示了道路、裸土、植被和屋顶（非水池类）的光谱反射率[NCR 13]。

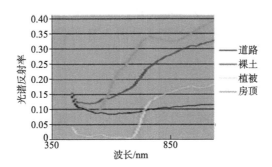

图 4.3 道路、裸土、植被和屋顶的光谱反射率[NCR 13]

该图的彩色版本（英文）参见 www.iste.co.uk/baghdadi/qgis3.zip, 2020.10.15

道路、裸土、植被和屋顶的光谱反射率分别取决于沥青、土壤成分、树叶和瓦片的光学特性。它们与水有很大区别，尤其是对于红外（IR），经验表明其光谱反射率有益于检测其他城市物体中的水池。

4.2.3.2 要素提取

鉴于水和其他物体的光谱反射率，似乎不需要 HySpex VNIR 摄像机提供所有光谱波段。为此将选择能使每个像素先验地与其他对象区分开的光谱波段。

1. RGB 波段

从 Geoportail 上具有极高空间分辨率的 RGB 数据可以看出，水池仅通过可见光谱就可以识别。因此，第一个案例研究只考虑与红光、绿光和蓝光典型波长相关的光谱波段。

2. 红光、绿光、蓝光、红外波段（RGB 和 IR 波段）

尽管水池可用 RGB 数据识别，但不可避免的是会将某些像素与其他对象混淆，尤其是在水混浊或有阴影现象时。如前所述，对于 IR，水的反射率特征几乎为零。因此添加一个典型的 IR 光谱波段以查看其作用是有意义的。

3. 红外（IR）波段

在第三个案例研究中，仅考虑典型的 IR 光谱波段，介于 700～1100nm 之间。

4.2.4 分类

为研究光学遥感在城市环境中进行水池制图的应用潜力，可以考虑使用参考地图像素的有监督分类方法。本例之前的操作中，选择了参考地图中一定数量的像素定义训练集。这些像素的标签（水池或非水池）是已知的。然后使用分类器据此训练集定义分类规则。本例中，分类器的输入属性是 RGB 波段、RGB 和 IR 波段，或 IR 波段。然后，对其余像素（测试集）进行分类以验证方法。

4.2.4.1 使用的分类器

考虑使用文献中常用的两个分类器：支持向量机（SVM）[COR 95]和随机森林（RF）[HO 95]。为了简要说明它们的工作机制，本节研究图 4.4 和图 4.5 中展示的模拟数据。为便于说明该例子，这些数据由一个蓝光（B）和 IR 组成的特征空间模型模拟，水池和非水池类的像素遵循相互独立的高斯定律。特别地，对于 IR 要素，水池类具有较低的平均值和方差值，对于 B 要素没有特别的假设。对于非水池类，IR 属性的平均值和方差较高。这些假设与分析光谱反射率时所做的说明一致。

图 4.4 和图 4.5 中的每个点代表 B 和 IR 属性的特征空间中的一个像素。蓝色和红色点分别代表参考地图的水池像素和非水池像素，它们共同构成训练集。黄色和青色的点构成测试集。蓝色区域的典型光谱波段反射率值在 X 轴上，典型红外波段反射率值在 Y 轴上。

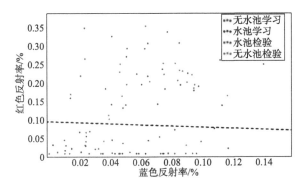

图 4.4　模拟数据说明了 SVM 的工作原理

虚线表示两个类数据间线性 SVM 的决策边界。下面是水池类；上面是非水池类。

该图的彩色版本（英文）参见 www.iste.co.uk/baghdadi/qgis3.zip, 2020.10.15

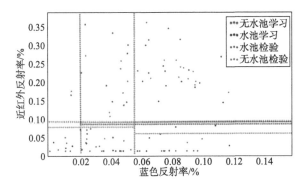

图 4.5　模拟数据说明了 RF 的工作原理

虚线表示具有最多两个节点的 RF 决策边界（参见图 4.6 中的决策树）。每条线代表一棵树的一个分支。例如，红
线应与红色树相关（图 4.6）。实际上，考虑这棵树的方式与 SVM 类似，在它下面的是水池类，在它上面的是非
水池类。该图的彩色版本（英文）参见 www.iste.co.uk/baghdadi/qgis3.zip, 2020.10.15

1. 支持向量机

在两个类的分类问题中，支持向量机（SVM）是找到根据训练数据集将两个感兴趣类分离的超平面。当间隔（即两类中的每个类的点到超平面最短的距离）最大时，两类可以很好地分离。在平面（二维空间）中，如果问题是线性可分的，则可以找到线性超平面。否则需要使用核函数技巧，考虑空间（或更高维度空间）中超平面的线性问题。形式上，对输入数据可以应用非线性变换。这种变换无法具体说明，只是从该非线性函数计算出核函数。核函数的最简单示例是线性核函数，它可以在不更改空间的情况下简化为线性情况。由于可能在新数据描述空间中无法找到线性分隔，本节使用了软间隔技术，能够容纳较差的排序结果。由此调整参数，可以控制在分类误差数量和间隔宽度之间进行折衷[SCH 01]。

考虑图 4.4 中的数据和线性核 SVM 方法，目标是找到红点和蓝点的分割线。

图中黑色虚线为一个示例。计算出此直线后，测试集的点（黄色和青色）可以根据它们相对该直线的位置进行排序。因此直线下方的点属于水池类。可以看出这些点是青色的，也就是说，属于测试样本的点对应水池。也可以使用其他类型的核，如高斯核。后一种情况中，两类数据之间的决策边界形状将发生变化。

本案例研究使用了高斯核，该分类器具有极好的性能且易于调整，因而在文献中被广泛使用。

2. 随机森林

随机森林（RF）原理依赖于决策树学习。为克服决策树的自身缺点（如过度拟合或预测变量顺序敏感性），使用双重采样过程构造 B 决策树：一方面是观测值，随机绘制与原始数据（引导数据）数量相同的 N 个观测值；另一方面是预测变量 P，仅保留一个样本 m（在分类树情况 $m < \sqrt{P}$）。对每个样本训练一个决策树。每个原始观测值存储了感兴趣变量的预测 B。随机森林的预测可以通过多数投票或平均预测概率计算（如在 Python 模块 Scikit-Learn[PED 11]中实现）。

在图 4.5 数据和有三决策树的 RF 背景下，目标是从训练集中将红点和蓝点集合分离为三个大小相同的子集，并构建每个子集的决策树（图 4.6）。

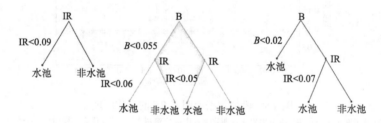

图 4.6　结合图 4.5 的三个决策树示例

该图的彩色版本（英文）参见 www.iste.co.uk/baghdadi/qgis3.zip, 2020.10.15

在此说明示例中，可以认为分类仅需要两个波段，也就是说，获得叶节点就能按照决策路径确定找到的是水池还是非水池。每次分支分离时的 IR 和 B 值是这样确定的，从所考虑要素（此处为 B 或 IR）的角度出发，应使得分离后产生的两个子集相对匀质。通常，匀质性准则可以进行优化，例如，在文献中经常使用 Gini 杂质准则[BRE 84]。决策树建成后，可以获取测试集的每个黄色和青色点，并可以根据每棵树是 IR 和 B 的函数进行分类。这里的示例表明，IR 几乎总是有用的，而 B 是无意义的。

4.2.4.2　交叉验证

在第一种情况中，参考地图 50%的像素将用于训练集。

实际应用中，需要考虑是否要使用相当于参考地图 50%的像素数进行水池制图。这通常不现实，因为训练集比测试集小得多。可以像此处一样选择影像像素，但是也可以实地进行光谱反射率测量，来构建一个有代表性的库。第二种情况仅用15%的像素作为训练集。

4.2.5 预测图定义

已分类的像素必须具有以下属性：参考类、预测类、分类为水池类和非水池类的次数，以及测试次数。这些信息可用于分析不同分类器和不同案例研究的性能和误差。

4.2.6 评估效果

4.2.6.1 全局评估

完成分类后，可以使用不同的统计方法评估分类方法的性能。混淆矩阵（表4.1）可用于进行更详细的类间混淆分析。

表 4.1 混淆矩阵示例

参数		预测类		
		水池	非水池	行总数
参考类	水池	X_{11}	X_{12}	N_1
	非水池	X_{21}	X_{22}	N_2
	列总数	M_1	M_2	N

可以计算总体精度，它是分类正确的像素数相对于像素总数的比率：

$$总体精度(\%) = \frac{X_{11} + X_{22}}{N} \times 100 \qquad (4.1)$$

也可以计算 Kappa[①]系数，它的构造是为了减去像素偶然获得正确分类的概率。

4.2.6.2 空间评估

从预测图中可以看到两个类发生错误的区域。

[①] https://en.wikipedia.org/wiki/Cohen's_kappa, 2020.10.15.

查看两个类错误区域的 QGIS 功能如下。

- Layer → Create Layer → New Shapefile Layer…

通过此可视化，可以有效地检测出错误区域。

误差分析对于全面了解方法的特性，尤其是对于有问题的情况至关重要。

4.2.7　方法的局限性

本章提出的方法能够研究光学遥感在城市区域泳池制图中的应用潜力。这需要参考地图，其中一部分像素构成训练样本，其他像素构成测试样本。根据光谱反射率分析的观察结果简单地建立光谱特征。分类器用于定义训练集的分类规则，并对测试集像素进行分类。但是该方法有一些局限性：

（1）仅处理了参考地图中的数据，而非整个场景：没有对影像所有的像素进行分类。即使对所有像素进行分类，也无法准确验证预测是否正确，但是这样可能会得到一个更现实的结果，也是制图的主要趋势。

（2）对整个场景所有像素分类后可以获得泳池像素地图，但没有获得泳池对象。分类选择的是面向像素的方法，但可以执行额外的水池识别步骤，从而绘制泳池的真实地图。

（3）训练集由影像的像素组成，也就是假设影像的某些像素的类别是预先已知的。但即便通过影像判读，也不容易获取此类信息。另外，对每个影像进行影像判读可能需要很长时间。另一个解决方案是实地测量泳池和附近其他物体的光谱反射率。

（4）最后，要回到概述中介绍的研究点之一，找到被忽视的，又是有害蚊虫发育点的泳池并非易事，因此需要研究光学遥感获取此类信息的应用潜力。

4.3　应用实现

本节介绍根据获得的法国图卢兹市（Toulouse）高光谱影像检测泳池的实际应用。

4.3.1　软件和数据

4.3.1.1　所需软件

水池检测方法中提供的栅格和矢量处理需要使用 QGIS 软件（版本 2.18.2）的基本功能。任何人都可以使用基本功能进行处理而无须安装扩展。该方法的某些步骤将使用 Python 语言脚本执行，需要用到 Numpy、OSGeo 库（用于访问 GDAL/OGR）、Scikit-Learn（用于分类步骤）和 Shapefile（用于操作矢量数据），可以使用 conda 环境（https://conda.io）轻松安装这些插件。

4.3.1.2　输入数据

数据包括高光谱和经大气校正的反射率影像（图 4.7）——Reflectance_VNIR；经过地理配准（WGS 84/UTM zone 31N）的数字表面模型（DSM）——DSM_stereo，中心位于 375398.91，4827339.29，范围超过 1.45km×1.20km，空间分辨率为 0.125m×0.125m。这些数据为 ENVI 格式。

图 4.7　本研究中使用的高光谱影像说明

位于图卢兹市（Toulouse）的研究区域（0.496km×0.980km）（法国，X=375906.54；Y=4827256.61）。它是经过大气校正的反射率影像（R=632nm，G=559nm，B=486mm）

4.3.2　创建地理参考影像

创建地理参考影像的步骤见表 4.2。

表 4.2　创建地理参考影像的步骤

步骤	QGIS 操作
1. 加载 DSM	（1）单击 Layer → Add Layer → Add Raster Layer； （2）加载文件 DSM_stereo。
2. 地理参考高光谱立体 DSM	菜单栏中： 单击 Raster → Georeferencer → Georeferencer…

步骤	QGIS 操作
2. 地理参考高光谱立方体 DSM	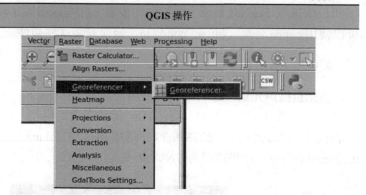 在 Georeferencer 中： （1）单击 File → Open raster； （2）加载文件 Reflectance_VNIR。 注意：如果窗口打开并要求输入坐标参考系统，选择与 DSM 相同的参考系统。实际上，该文件尚未进行地理配准。 在 Georeferencer 中： （1）单击 Settings → Raster properties。  （2）可以修改 RGB 颜色合成。选择波段 60 作为红光波段，波段 40 作为绿光波段，波段 20 作为蓝光波段。它可提供类似于人眼可看到的视图。 （3）单击 Apply，然后单击 OK。 在 Georeferencer 中： 单击 Edit → Add Point。 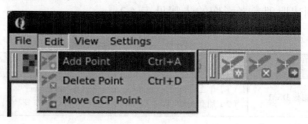 在打开的窗口 Enter map coordinates 中： （1）单击 From map canvas。

续表

步骤	QGIS 操作
2. 地理参考高光谱立方体 DSM	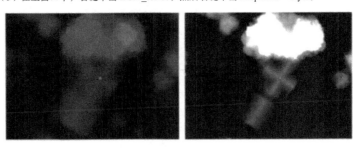 （2）单击文件 DSM_stereo 上的对应点。 这里可能需要调整 DSM 最小值和最大值以增加对比度，并更具体地指定 DSM 点的位置。 （3）在主窗口中，右键单击 DSM_stereo，然后右键单击 Properties→Style。 左：DSM 示例，其值在 150~173m 之间；右：DSM 示例，其值在 154~158m 之间 注：手动匹配具有不同视角和覆盖区域的两个数据源之间点的过程很复杂，但出于完整性考虑，此处已对其进行了详细说明。这部分的解决方案已随数据附上。 重复该操作以获取足够数量的点。 在 Georeferencer 中： （1）单击 Settings → Transformation Settings…  （2）单击 File → Start Georeferencing。

续表

步骤	QGIS 操作
2. 地理参考高光谱 立方体 DSM	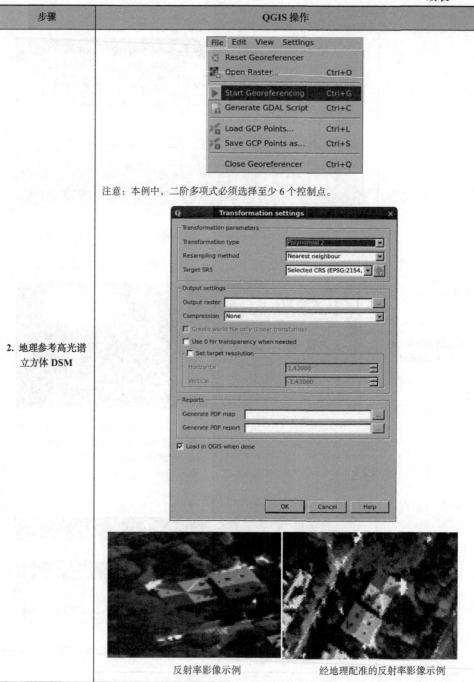 注意：本例中，二阶多项式必须选择至少 6 个控制点。 反射率影像示例　　　　经地理配准的反射率影像示例

注：该表格的彩色图参见 www.iste.co.uk/baghdadi/qgis3.zip, 2020.10.16

可以通过查看 GCP 表（图 4.8）中的残差值检验地理配准质量。残差是变换影像中点的位置与指定的实际位置（在 DSM 中）之间的差异。接近零的残差被认为更准确。图 4.9 展示了经过地理配准和大气校正的高光谱影像。

GCP table								
Visible	ID	Source X	Source Y	Dest. X	Dest. Y	dX (pixels)	dY (pixels)	Residual (pixels)
☑	0	363,913	-101,262	375747	4,82696e+06	-3,14748e-08	-4,48617e-07	4,4972e-07
☑	1	904,054	-1130,03	375137	4,82756e+06	2,11283e-07	-7,81465e-07	8,09523e-07
☑	2	763,049	-609,109	375405	4,82722e+06	2,76407e-07	-6,44705e-07	7,0146e-07
☑	3	227,968	-568,627	375595	4,82731e+06	2,90885e-07	-7,9521e-07	8,46742e-07
☑	4	374,375	-967,422	375380	4,82757e+06	6,36795e-08	-6,80202e-08	9,31763e-08
☑	5	828,093	-41,335	375627	4,82682e+06	2,77127e-07	-5,40137e-07	6,07081e-07

图 4.8　GCP 表

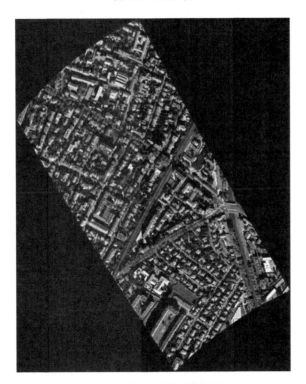

图 4.9　校正后高光谱影像

在图卢兹（Toulouse）（法国，X = 375906.54；Y = 4827256.61）范围为 0.496km × 0.980km 的研究场地获得的，经大气校正和地理配准的高光谱影像（R=632nm，G=559nm，B=486nm）

4.3.3　构建参考地图

构建参考地图的步骤见表 4.3。

表 4.3 构建参考地图的步骤

步骤	QGIS 操作
构建参考矢量图层	如果尚未完成，请修改 RGB 颜色合成以查看地理配准的 VNIR 影像。 在菜单栏中： （1）单击 Layer → Create Layer → New Shapefile Layer… （2）选择多边形类型，定义相应的 CRS（坐标参考系统），添加"类"属性（水池或非水池）和"要素"（如果是非水池类则可以是植被、屋顶和道路）。它们都是文本数据。 注意：选择训练数据是在实践中实现的简单步骤，但是会极大影响结果的质量。学习和预测之间通常需要几次往返。尽管输入取决于分类问题、分类器和环境，但通常可以遵循两个简单规则：①平衡两个类别多边形的输入；②最大化两个感兴趣类别多边形的多样性，以最好地捕获感兴趣类别和非类别中存在的其他景观元素的异质性。 （3）将文件另存为：ReferenceMap。 在 Layers 窗口上，选择所需图层，然后在菜单栏中： （1）单击 Layer → Toggle Editing； （2）单击 Edit → Add Feature。

续表

步骤	QGIS 操作
构建参考矢量图层	通过影像判读构建多边形： （1）用所需点数定义水池或其他对象。 （2）输入属性。特别地，为每个新对象的 id 属性添加一个新值（例如，如果总共有 N 个对象，则为 1 到 N）。对于 Class 和 Feature 属性，取决于它是水池还是另一个对象（请参见上面定义的可能值）。 （3）每个类的对象越多越好（如每个类 30 个）。 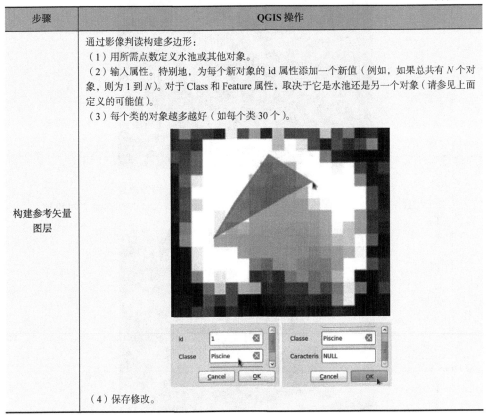 （4）保存修改。

注：该表格的彩色图参见 www.iste.co.uk/baghdadi/qgis3.zip, 2020.10.16

4.3.4　分类和预测图

这一步使用 Python 程序 PreparePoolMappingHyperspectral_VNIR.py。它允许使用 BuildReferenceMapPixel 函数提取不同分类方法所需像素[仅完全位于参考地图给出的多边形内的像素（图 4.10 和图 4.11），但是可以考虑以给定百分比（如 80%）与多边形相交的像素]，从而实现矢量图层：ReferenceMap_pixels.shp。该矢量图层包括水池和非水池（根据分类结果增加），以及一个新属性 N_{cur}（像素属于测试集时增加）。这些属性在解释各种分类器和不同光谱波段（混淆矩阵）精度时将产生有用的结果。该程序将以下参数作为输入参数：I 地理配准影像，S 参考地图，N 蒙特卡洛迭代次数（默认值：N_{iter}=30），trS 训练样本大小（默认值：N_{test}=0.5）。也可以使用可选参数：O 分类器参数优化（如果未激活，则使用 Scikit-Learn 默认定义的参数）。

图 4.10 参考地图和经地理配准的高光谱影像重叠

泳池为蓝色，非泳池为红色。该图的彩色版本参见 www.iste.co.uk/baghdadi/qgis3.zip, 2020.10.16

图 4.11 多边形内所选像素图示

该图的彩色版本参见 www.iste.co.uk/baghdadi/qgis3.zip, 2020.10.16

该程序在终端中启动：Python PreparePoolMapping Hyperspectral_VNIR.py –I georeferenced_image –S reference Map.shp。

特别注意，目前，该程序仅支持地理配准影像的 ENVI 和 GTiff 格式。

矢量图层 ReferenceMap_pixels.shp 中，通过分类器和光谱波段（多个）（ReferenceMaps_pixel_Classifier_Bands.shp）实现预测图。每次迭代中，此矢量图层的 Pools、nonPools 和 N_{cur} 列都会更新，以获取混淆矩阵所需数据。然后生成由迭代次数（Bands_Classifieur_ResultsConfusionMatrixRepresentative.txt）和每个光谱域（ResultsRepresentative.txt）中每个分类器全局精度和 Kappa 文件平均的混淆矩阵文件。

分类和预测图步骤见表 4.4。

表 4.4　分类和预测图

步骤	QGIS 操作
使用颜色渐变查看预测图	在 Layers 中： （1）右键单击适当的图层； （2）单击 Properties。 在 Layer Properties 中： 单击 Style，然后： 　　a. 选择 Graduated。 b. 单击按钮 为新列编写以下公式： CASE WHEN ("Class" IS 'Pool') THEN (0.5 + 0.5 *toreal("Pools")/toreal("N_cur")) ELSE (0.5 - 0.5 * toreal("nonPools")/toreal("N_cur")) END 此公式能以共同尺度存储两个类别的分类结果：0～0.5，给出 nonPools 类的分类结果；0.5～1 给定 Pool 类；越接近 0.5，分类结果越差。 选择一个类似 RdBu 的色带（范围从红色到蓝色：红色与 nonPool 类相关，而蓝色与 PoolOne 相关），如果找到该类会呈深色，否则是接近白色。

注：该表格的彩色图参见 www.iste.co.uk/baghdadi/qgis3.zip, 2020.10.16

　　图 4.12 表明，无论选择哪个频谱域，RF 都比带有高斯内核的 SVM 更加强大。实际上，说明在该示例中，无论是阴天还是晴天（像素为暗红色），RF 始终能进行良好分类。另外，阳光充足的地带，SVM 对于 RGB 或 RGB-IR 给出的结果最差：红色像素越亮，则分类越差。因此，针对给定的一组光谱波段显示分类器误差，该分类器倾向于将这些阳光分段像素分类为水池像素，而 IR 波段的阳光分段像素分类结果仍然很好。但这个结果是合格的，图 4.13 显示，对于 IR 波段，无论分类器如何，水池边界上的像素分类结果都不太好（它们是浅蓝色）。这些像素的错误分类可以解释为它们包含混合材料的光谱特征。但考虑对象为非像素时，泳池被正确分类。

图 4.12　非水池为红色

a. SVM RGB；b. RF RGB；c. SVM RGB-IR；d. RF RGB-IR；e. SVM IR；f. RF IR。该图的彩色版本参见
www.iste.co.uk/baghdadi/qgis3.zip, 2020.10.16

考虑参考地图的所有像素，表 4.5（从 ResultsRepresentative.txt 文件生成）表明，对于此特定训练集，在 RGB 和 RGB-IR 域中 SVM 比 RF 提供更好的整体精度。不从根本上改变本章实质时，我们可能会得出略有不同的结论。可以注意到，正如文献中许多作者所指出的，两种技术之间的差异很小。

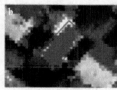

图 4.13　泳池是蓝色的

a. 反射率影像；b. SVM IR；c. RF IR。该图的彩色版本参见 www.iste.co.uk/baghdadi/qgis3.zip, 2020.10.16

表 4.5　每个分类的每个研究光谱波段的总体精度和 Kappa 系数

光谱波段	分类器	总体精度/%	Kappa 系数
RGB	SVM	99.2	0.98
	RF	96.9	0.94
RGB-IR	SVM	98.9	0.98
	RF	97.6	0.95
IR	SVM	96.7	0.93
	RF	97.1	0.94

尽管无论分类器和光谱域如何，整体准确度都非常好，平均混淆矩阵（从 Bands_Classifieur_ResultsConfusionMatrixRepresentative.txt 文件中获取）都可能验证这个结果。实际上，表 4.6～表 4.11 表明，无论分类器和光谱域如何选择，都有一种趋势是高估水池类的像素数量。

表 4.6 由应用于 RGB 波段的 SVM 迭代次数平均得出的混淆矩阵

参数		预测类	
		水池	非水池
参考类	水池	579.17	0.87
	非水池	10.20	783.54

表 4.7 由应用于 RGB 波段的 RF 迭代次数平均得出的混淆矩阵

参数		预测类	
		水池	非水池
参考类	水池	575.23	4.80
	非水池	37.87	755.87

表 4.8 由应用于 RGB-IR 波段的 SVM 迭代次数平均得出的混淆矩阵

参数		预测类	
		水池	非水池
参考类	水池	578.57	1.47
	非水池	13.40	780.33

表 4.9 由应用于 RGB-IR 波段的 RF 迭代次数平均得出的混淆矩阵

参数		预测类	
		水池	非水池
参考类	水池	575.5	4.53
	非水池	28.87	764.87

表 4.10 由应用于 IR 波段的 SVM 迭代次数平均得出的混淆矩阵

参数		预测类	
		水池	非水池
参考类	水池	567.20	12.84
	非水池	23.43	761.30

表 4.11 由应用于 IR 波段的 RF 迭代次数平均得出的混淆矩阵

参数		预测类	
		水池	非水池
参考类	水池	567.40	12.63
	非水池	27.47	766.27

4.4 参考文献

[AKB 16] AKBARI D., HOMAYOUNI S., SAFARI A. et al., "Mapping urban land cover based on spatial-spectral classification of hyperspectral remote-sensing data", International Journal of Remote Sensing, vol. 37, no. 2, pp. 440-454, 2016.

[BRE 84] BREIMAN L., FRIEDMAN J., STONE C.J., et al., Classification and Regression Trees, CRC Press, Boca Raton, 1984.

[COR 95] CORTES C., VAPNIK V., "Support-vector networks", Machine Learning, vol. 20, no. 3, pp. 273–297, 1995. [GAL 09] GALINDO C., MORENO P., GONZÁLEZ J., et al., "Swimming pools localization in colour high-resolution satellite images", 2009 IEEE International Geoscience and Remote Sensing Symposium (IGARSS 2009), vol. 4, Cape Town, South Africa, 2009.

[HO 95] HO T.K., "Random decision forests", Proceedings of the Third International Conference on Document Analysis and Recognition, vol. 1, pp. 278-282, 1995.

[KIM 11] KIM M., HOLT J.B., EISEN R.J., et al., "Detection of swimming pools by geographic object-based image analysis to support West Nile Virus control efforts", Photogrammetric Engineering & Remote Sensing, vol. 77, pp. 1169-1179, 2011.

[LE 10] LE MONITEUR, "Piscines privées: la France, 2e marché au monde derrière les Etats-Unis", Le Moniteur, available at http://www.lemoniteur.fr/article/ piscines-privees-la-france-2e-marche-au-monde-derriere-les-etats-unis-3178576, 2010.[LIE 08] LIER P., VALORGE C., BRIOTTET X., Imagerie spatiale: des principes d'acquisition au traitement des images optiques pour l'observation de la terre, Cepadues, Toulouse, 2008.

[LOI 13] LOISEL H., VANTREPOTTE V., JAMET C., et al., "Challenges and new advances in ocean color remote sensing of coastal waters", in ZAMBIANCHI E.(ed.), Topics in Oceanography, InTech, London, 2013.

[NCR 17] NCRST, Road centerlines from hyperspectral data, Technical Report, available at http://ncrst.digitalgeographic.com/resources/easyread/Hyper Center-lines/first.html, 2017.

[PED 11] PEDREGOSA F., VAROQUAUX G., GRAMFORT A., et al., "Scikit-Learn: machine learning in python", Journal of Machine Learning Research, vol. 12, pp. 2825-2830, 2011.

[PHI 17] PHILLIPSON A., "Ils cachent l'existence de leurs piscines au fisc... et sont démaqués par Google Maps", La Dépêche, available at http://www.ladepeche.fr/article/2017/03/06/2530274-cachent-existence-piscines-fisc-sont-demasques-google-maps.html, 2017.

[POU 02] POUTIER L., MIESCH C., LENOT X., et al., COMANCHE and COCHISE: two reciprocal atmospheric codes for hyperspectral remote sensing, 2002 AVIRIS Earth Science and Applications Workshop Proceedings, Pasadena, California, USA, 2002.

[ROD 14] RODRIGUEZ-CUENCA B., ALONSO M.C., "Semi-automatic detection of swimming pools from aerial high-resolution images and LiDAR data", Remote Sensing, vol. 6, pp. 2628–2646, 2014.

[SCH 01] SCHOLKOPF B., SMOLA A.J., Learning with Kernels: Support Vector Machines, Regularization, Optimization, and Beyond, MIT Press, Cambridge, 2001.

5

安装风电场工作流程自动化

Boris Mericskay

5.1 工作流程自动化

工作流程自动化的实现允许用户对空间数据以新的交互形式进行分析和互操作。类似 ESRI 模型构建器或是 ETL 工具的软件解决方案，可以快速实现地理处理工具序列的串联模型，这在数据激增时特别有用，而且经常不可避免。

自动化工作流程的目标，是对一组数据使用遵循指定路径或迭代的一系列处理或变换（属性、几何、投影、转换等）。整合到单个模型后，处理更易于运行，花费时间更少，并可在其他数据集上重复使用。

QGIS（2.2 版以后）提供直观的图形化建模界面实现自动化工作流程。通过访问 SEXTANTE 库的图形化界面,使用图形建模器即可根据简单易用的界面创建复杂的模型。图形建模器的另一个优点是可以组合不同的库（GDAL、GRASS、SEXTANTE、Saga 等）。不过需要注意的是，QGIS 图形建模器尚未完全稳定，建立稳健和可操作的模型仍然需要严谨和耐心。

5.2 在布列塔尼安装风电场的工作流程自动化

本章目的是通过 QGIS 图形建模器建立基于矢量数据集的自动化工作流程，以确定在布列塔尼（Brittany，法国西部的一个地区，译者注）安装新风电场的最佳区域。通过使用此工具可以调用 SEXTANTE 和 GDAL 库中的不同算法。

该分析模型的目标是，根据与区域组织相关的一组属性和空间准则、现行法规以及风势确定最佳风区，总结如表 5.1 所示。

表 5.1　模型准则摘要

参数	类型	处理	数据集
人口	排除	对称差异	人口网格
保护区	排除	联合与差异	区域自然公园
风电场	排除	缓冲区与差异	风电场
区域风	包含	相交	风能区域规划
风能	包含	相交	风能密度
电力线	包含	缓冲区与相交	电力线

除串联和自动化处理的原理和功能外，本章还讨论了使用地理 Web 服务（将空间数据直接下载到 QGIS 中的方法，这在 GIS 环境中越来越普遍地被使用（WFS[①]和 QuickOSM 扩展[②]）。

图 5.1 说明了为安装新风电场确定最佳区域所需的一系列处理。为便于阅读，将处理过程分为六个主要步骤。

步骤 1：准备人口网格数据集；

步骤 2：识别居住区；

步骤 3：考虑保护区；

步骤 4：考虑当地风能政策；

步骤 5：考虑电力线接近度；

步骤 6：可视化验证。

5.2.1　使用 WFS 下载数据

这一步是下载研究所需的不同数据集。由多个组织（IGN[③]、INSEE[④]、布列塔尼市政、布列塔尼 DREAL[⑤]、环境部和 OpenStreetMap）提供的 18 个数据集可以使用多种方法（直接下载、WFS 和 QuickOSM 扩展）下载。

---

① 网络要素服务（WFS）是一个开放地理空间联盟（OGC）标准，可以将矢量数据集直接下载到 GIS 软件中。与仅可通过流显示数据的网络地图服务（WMS）不同，WFS 检索数据集以允许用户更改格式或执行转换和分析。

② QuickOSM 是 QGIS 插件，可以通过 Overpass API（OSM 的应用程序接口，译者注）从 OpenStreetMap 数据库直接下载。

③ 法国国家地理和森林信息研究所（Institut Nationale de l'Information Géographique et Forestière）。

④ 法国国家经济研究与统计署（Institut National de la Statistique et des Etudes Economiques）。

⑤ 土地利用规划区域组织（环境、规划和住房局，Direction Régionale de l'Environnement, de l'Aménagement et du Logement）。

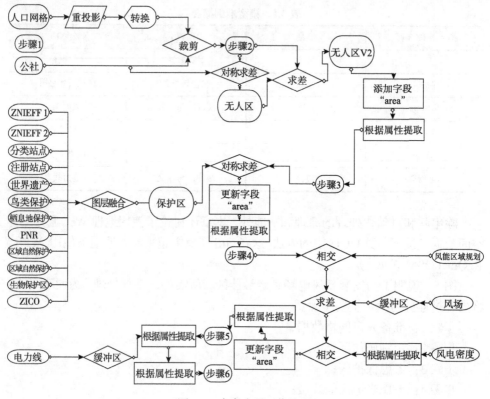

图 5.1 本章全局工作流程

5.2.1.1 使用 GeoBretagne 的 WFSs

GeoBretagne 是布列塔尼地区的空间数据基础设施（SDI）研究机构，该 SDI 集中了 1500 多个开放且可互操作的空间数据集。它能提供一系列地理 Web 服务（搜索、可视化、分类和下载）。这个方法是要尽可能从 QGIS 调用 WFS 直接返回数据集以实现自动处理链。图 5.2 总结了此方法要下载的不同数据集以及相关 WFS 服务。

通过 WFS 下载数据集时，应使用坐标参考系统（CRS）Lambert 93-EPSG 2154 作为图层的投影。将数据集加载到 QGIS 后，虽然可以调用图形建模器中的 WFS（存储在缓存中）下载的图层，但还是建议在本地保存图层，以避免在执行处理链时可能出现的错误和冲突。

图 5.2　WFS 和相关数据集

5.2.1.2　使用 QuickOSM 插件将 OpenStreetMap 数据下载到 QGIS

QuickOSM 是 QGIS 插件，可以从 QGIS 插件仓库中获得，使得能够在 QGIS 中下载和使用 OpenStreetMap 数据。该扩展的主要优点是对话框直观，可在属性（如下载某些类型的道路、电力线、公交车站或行政边界）和空间级别（通行权、图层、地点等）上快速构建自定义查询。

OSM 数据通过大量标签进行语义描述，它们基于包含的键和值的属性。例如，高速公路由通用键 highway 限定，其值为 motorway，主干道通过该 highway 键限定，其值为 Primary。该系统通过键进行语义限定，可实现永久可扩展，尤其是对于多个高级限定（如道路可以由其类型、方向、车道数量、最大速度等进行描述）。

本章中，需要下载布列塔尼的电力线（图 5.3）。为此必须指定：①键——power

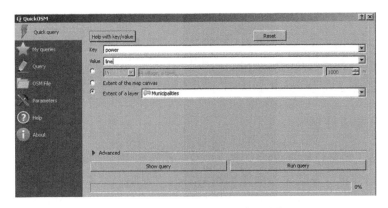

图 5.3　下载布列塔尼电力线的查询

（与能源相关的所有事物）；②值——line（电力线）；③下载的空间范围（市政图层）。默认情况下，下载的图层使用 WGS84 作为 CRS（EPSG 4326）。在本章分析背景下（法国），需要使用 Lambert 93（ESPG 2154）作为公共 CRS（为此需要在图层集成到模型前对其进行重新投影）。

5.2.2 准备人口网格数据集

INSEE 网站中可用的人口网格数据集不能直接集成到复杂模型（MIF-MapInfo 格式，未定义 CRS，国家尺度）。因此，本章第一个工作流程（图 5.4）旨在规范化此输入数据集（格式、CRS、范围）。其操作与 ETL 软件典型的提取/转换操作类似，包括三个步骤：①重投影到 Lambert 93；②转换为 shapefile 格式；③几何裁剪获得布列塔尼人口网格。

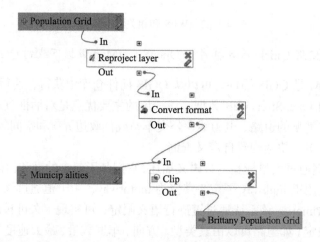

图 5.4 人口网格数据集准备的工作流程

QGIS 功能如下。
- 项目图层：QGIS Geoalgorithms → Vector general tools → Reproject layer
- 数据集格式转换：Library GDAL/OGR → Conversion → Convert
- 裁剪：Vector overlay tools → Clip

5.2.3 识别居住区

准备好人口网格数据集后，这一步通过在模型中添加第一个准则（排除）开始分析人口分布。安装风力涡轮机组相关法律规定，不得在建筑物（房屋、农场、农棚等）500m 范围内建造。为满足该准则，1km 网格的 INSEE 数据可以直观识别出空隙区域（无瓦片区域），如图 5.5 所示。即便使用 INSEE 数据需要十分谨慎（统计方法），它们仍然提供了一种在区域规模上对感兴趣人口进行建模的方法。

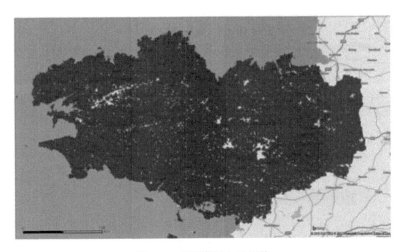

图 5.5　布列塔尼人口网格

该图的彩色版本参见 www.iste.co.uk/baghdadi/qgis3.zip, 2020.10.16

为了对居住区进行矢量化，需要使用一种适应性的矢量覆盖工具：市政图层（输入图层）和人口网格图层（差异图层）之间求对称差异（图 5.6）[1]。

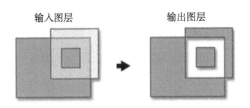

图 5.6　对称差原理

该图的彩色版本（英文）参见 www.iste.co.uk/baghdadi/qgis3.zip, 2020.10.16

根据数据集的拓扑一致性，获得对称差异化后，应该再求差[2]（在对称差异和市政之间）以消除异常的对称差异残余（图 5.7）。

---

[1] 此算法创建的图层包含输入图层和差异图层中的要素，但删除了两个图层之间的重叠区域。

[2] 此算法从输入图层提取落在差异图层中的要素之外或部分重叠的要素。

图 5.7 求差原理

该图的彩色版本（英文）参见 www.iste.co.uk/baghdadi/qgis3.zip, 2020.10.16

作为这些几何操作的结果，建议通过使用两种功能，仅保留面积大于 100000m^2 的居住区：①添加几何列；②按属性提取以分离大于 100000m^2 的要素（图 5.8，图 5.9）。

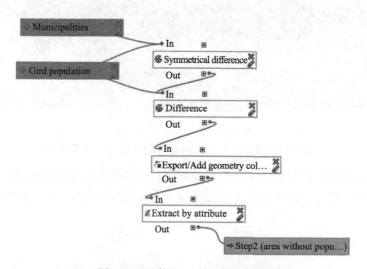

图 5.8 识别居民区的工作流程图

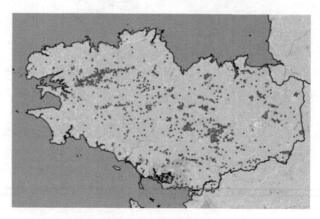

图 5.9 无人区结果制图

该图的彩色版本参见 www.iste.co.uk/baghdadi/qgis3.zip, 2020.10.16

QGIS 功能如下。

- 对称求差：QGIS geoalgorithms → Vector overlay tools → Symmetrical difference OR SAGA → Vector polygon tools → Symmetrical difference
- 求差：QGIS geoalgorithms → Vector overlay tools → Difference OR SAGA → Vector polygon tools → Difference
- 面积计算：QGIS geoalgorithms → Vector table tools → Export / Add geometry columns
- 按面积选择要素：QGIS geoalgorithms →Vector selection tools → Extract by attribute

5.2.4 考虑保护区

分离上述区域后，第三个模型将考虑建立新风电场时应避开的保护区（作为排除准则）。法律禁止在各种保护区（ZNIEFF、区域自然公园、自然保护区等）内安装风力涡轮机。

5.2.4.1 合并不同的保护区

第一个任务是将 12 个图层的保护区（来自 CARMEN WFS）合并为一个图层，将其视为排除的空间准则（图 5.10）。可以使用地理处理算法合并（Merge）矢量图层，这从理论上讲非常简单（单个操作），但是，此算法在图形建模器中不稳定。因此可以选择一系列多边形联合（Polygon unions）（图 5.11），虽然该联合较乏味但更稳定。

QGIS 功能如下。
- 联合：QGIS geoalgorithms → Vector overlay tools → Union OR SAGA → Vector polygon tools → Polygon union

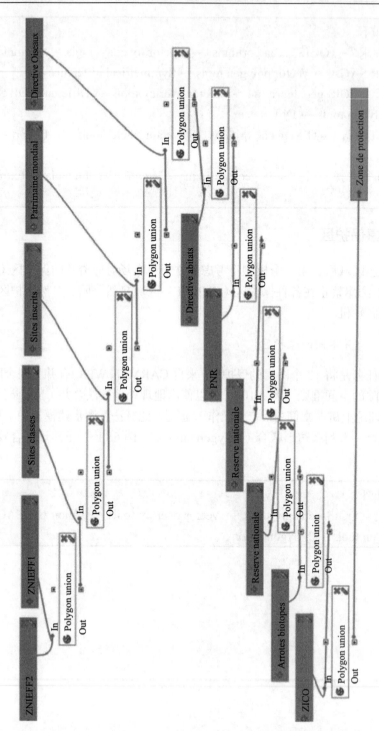

图5.10 联合保护区的工作流程图

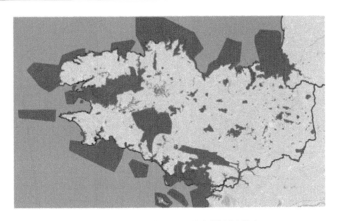

图 5.11　不同保护区联合结果制图

该图的彩色版本参见 www.iste.co.uk/baghdadi/qgis3.zip, 2020.10.16

5.2.4.2　保护区求差

合并不同的保护区后，需要求差（在保护区联合图层和准备人口网络数据集的结果之间）以从无人区中排除布列塔尼现行有效保护区的不同范围。另外，为消除两图层之间的差异残差，建议更新面积字段，然后根据属性选择提取最小面积为 $100000m^2$ 的区域（图 5.12 和图 5.13）。

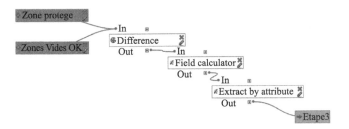

图 5.12　保护区求差的工作流程图

QGIS 功能如下。

- 求差：QGIS geoalgorithms → Vector overlay tools → Difference OR SAGA → vector polygon Tools → Difference
- 面积计算：QGIS geoalgorithms → Vector table tools → Export / Add geometry columns
- 按面积选择要素：QGIS geoalgorithms → Vector selection tools → Extract by attribute

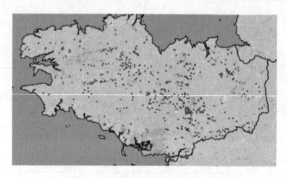

图 5.13　保护区差异结果制图

5.2.5　考虑当地风能政策

这一步是在模型分析中添加一组与布列塔尼风能相关的准则（风能开发区、区域风标和风能密度），如图 5.14 所示。图 5.15 展示了此步骤的结果。

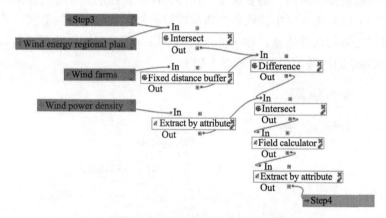

图 5.14　考虑当地风能政策的工作流程图

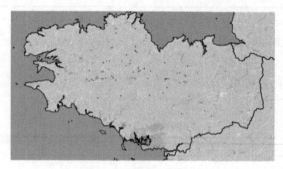

图 5.15　工作流程的结果制图

5.2.5.1 纳入区域风能计划

新风电场的安装必须在当地风能计划范围内（不包括某些受限区域，如机场和其他敏感区域），为此需要应用求差（也可以应用裁剪），以排除不在监管范围内的所有潜在的重要区域。

5.2.5.2 距现有风电场的距离

这一步考虑距现有风电场的最小距离，目的是在所有现有风电场中创建固定的 3km 缓冲距离，并应用求差排除这些区域。

5.2.5.3 风能密度

与风有关的最后一个准则是风能密度（最大 80m[①]）。这一步的目的是仅保留具有相关风势的区域（根据属性提取，最小值为 350W/m^2），并在这些具有高风势的区域中找到潜在的兴趣区域（裁剪）。此外需要添加一个面积判据，只保留大于 30hm^2 的区域，以消除先前地理处理过程产生的残余。

QGIS 功能如下。
- 相交：QGIS geoalgorithms → Vector overlay tools → Intersection OR SAGA → vector polygon Tools → Intersection
- 缓冲区：QGIS geoalgorithms → Vector geometry tools → Fixed distance buffer OR SAGA → Vector general tools → Fixed distance buffer
- 求差：QGIS geoalgorithms → Vector overlay tools → Difference OR SAGA → vector polygon Tools → Difference
- 更新面积：QGIS geoalgorithms → Vector table tools → Export / Add geometry columns
- 按面积选择要素：QGIS geoalgorithms → Vector selection tools → Extract by attribute

5.2.6 考虑电力线接近度

分析的最后一步是考虑现有电力线。目标是在电力线附近安装新风电场，以避免建立新的配电网络。如图 5.16 所示，此步骤分为三个子步骤：
（1）在电力线周围创建 1km 的缓冲区；
（2）根据位置提取与这些缓冲区接触的区域；

---

① 布列塔尼地区委托私人公司 EED（Espace éolien développement）在 2006 年 7 月发布的地区风能计划背景下建立了该数据库。此数据集使用的单位是 W/m^2。

（3）仅保留面积大于 1km^2 的区域（相当于中型公园大小）。

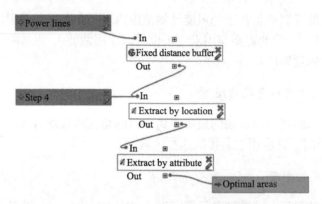

图 5.16　考虑靠近电力线的工作流程图

该模型确定的三个最佳风电场位置在图 5.17 中以绿色圆圈表示。通过缩放和添加卫星影像，可以验证这些区域在本地级别上的外观是否适当，实现最终分析。通过目视控制，可以通过检查区域是否存在不兼容的风电场安装区域（房屋、森林、水体等）验证模型结果。

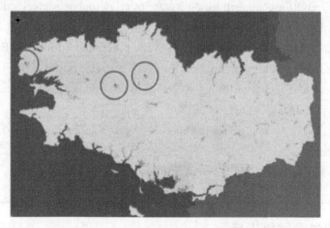

图 5.17　显示安装新风电场三个最佳区域的地图

如图 5.18 所示，三个确定的区域不包含住宅，但是区域 b 和 c 位于房屋附近。考虑到土地利用，区域 a 包含林区。为改进此研究，可添加其他准则和信息完善模型（地籍、分区、洪水风险等）。

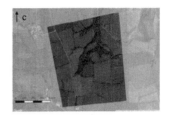

图 5.18 使用卫星影像放大三个最佳区域

QGIS 功能如下。

• 缓冲区：QGIS geoalgorithms → Vector geometry tools → Fixed distance buffer OR SAGA → Vector general tools → Fixed distance buffer

• 按位置选择要素：QGIS geoalgorithms → Vector selection tools → Extract by location

• 按面积选择要素：QGIS geoalgorithms → Vector selection tools → Extract by attribute

本章中，为易于理解和提高图形建模器的稳定性，以分步骤的方式构建和执行不同的工作流程。但模型稳定后，就有可能通过在单个工作流程中整合工作流程一次性执行所有步骤。添加输入并将各种工作流程集成到模型中即可（图 5.19）。但建议在实践中像使用 SQL 查询一样，开始时逐步使用图形建模器。

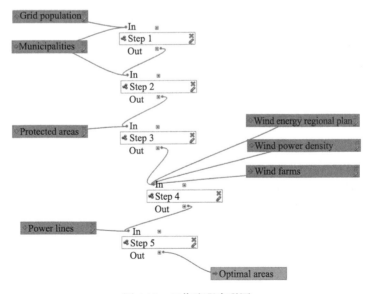

图 5.19 工作流程串联图

5.3　应用实现

本节介绍在布列塔尼安装风电场的 QGIS 自动化工作流程实现。

5.3.1　软件和数据

5.3.1.1　所需软件

本章使用 QGIS 软件（版本 2.18）的基本功能，还需要安装一些其他扩展执行处理链，包括 QuickOSM 和 OpenLayersPlugin。

5.3.1.2　数据

1）人口网格

图层名称：Fichier métropole – La base – Métropole。

网址：https://www.insee.fr/fr/statistiques/1405815, 2020.10.20。

2）布列塔尼市政

图层名称：l_communes_2016。

WFS 网址：http://geobretagne.fr/geoserver/dreal_b/wms。

3）风电场

图层名称：Parcs éoliens en Bretagne。

网址：http://geobretagne.fr/geoserver/dreal_b/wms。

4）风能区域规划

图层名称：Schéma Régional Eolien enBretagne。

WFS 网址：http://geobretagne.fr/geoserver/dreal_b/wms。

5）风力密度

图层名称：Vents – Densité de puissance(altitude de référence 80m)。

WFS 网址：http://ows.region-bretagne.fr/geoserver/rb/wfs。

6）区域自然公园

图层名称：Parc Naturel Régional。

WFS 网址：http://ws.carmen.application.developpement-durable.gouv.fr/WFS/10/Nature_Paysage。

7）重要鸟类区域

图层名称：ZICO。

WFS 网址：http://ws.carmen.application.developpement-durable.gouv.fr/WFS/10/Nature_Paysage。

8）ZNIEFF 1

图层名称：ZNIEFF 1。

WFS 网址：http://ws.carmen.application.developpement-durable.gouv.fr/WFS/10/Nature_Paysage。

9）ZNIEFF 2

图层名称：ZNIEFF 2。

WFS 网址：http://ws.carmen.application.developpement-durable.gouv.com/WFS/10/Nature_Paysage。

10）生物群落保护区

图层名称：Arrêtées de biotope polygones。

WFS 网址：http://ws.carmen.application.developpement-durable.gouv.fr/WFS/10/Nature_Paysage。

11）区域自然保护区

图层名称：Réserve naturelle régionale。

WFS 网址：http://ws.carmen.application.developpement-durable.gouv.fr/WFS/10/Nature_Paysage。

12）国家自然保护区

图层名称：Réserve naturelle nationale。

WFS 网址：http://ws.carmen.application.developpement-durable.gouv.fr/WFS/10/Nature_Paysage。

13）世界遗产

图层名称：Patrimoine mondial。

WFS 网址：http://ws.carmen.application.developpement-durable.gouv.fr/WFS/10/Nature_Paysage。

14）已注册站点

图层名称：Sites inscrits(surfacique)。

WFS 网址：http://ws.carmen.application.developpement-durable.gouv.fr/WFS/10/Nature_Paysage。

15）已分类站点

图层名称：Sites classés(surfacique)。

WFS 网址：http://ws.carmen.application.developpement-durable.gouv.fr/WFS/10/Nature_Paysage。

16）栖息地保护区

图层名称：Directive habitats（ZSC，SIC，pSIC）。

WFS 网址：http://ws.carmen.application.developpement-durable.gouv.fr/WFS/10/

Nature_Paysage。

17）鸟类保护区

图层名称：Directive oiseaux（SPA）。

WFS 网址：http://ws.carmen.application.developpement-durable.gouv.fr/WFS/10/Nature_Paysag。

5.3.2　下载数据集

这一步是下载用于实现不同自动化工作流程的数据集。

5.3.2.1　使用布列塔尼地区 WFS 下载数据

从布列塔尼地区 WFS 下载数据的步骤见表 5.2。

表 5.2　从布列塔尼地区 WFS 下载数据的步骤

步骤	QGIS 操作
1. 添加 WFS 连接	在 QGIS 中： 单击添加 WFS 。 在 Dialog box 中： （1）创建新连接（新建）； （2）添加连接名称； （3）添加网址连接：http://ows.region-bretagne.fr/geoserver/rb/wfs； 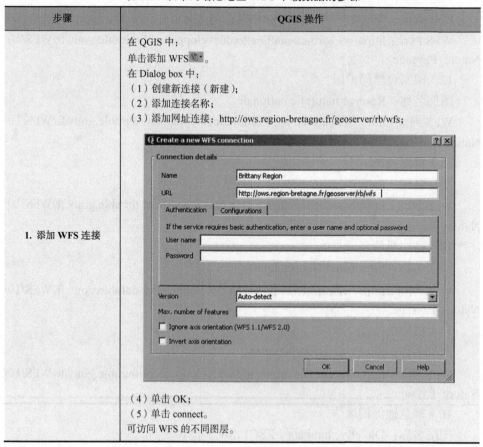 （4）单击 OK； （5）单击 connect。 可访问 WFS 的不同图层。

续表

步骤	QGIS 操作
1. 添加 WFS 连接	
2. 下载图层	在 WFS connection window 中： （1）选择图层：Vents-Densité de puissance(altitude de référence 80m)； （2）检查 CRS（2154-Lambert 93）； （3）添加图层； （4）图层被加载到 QGIS 中。
3. 将图层保存在本地系统中	在 QGIS 中： （1）右键单击图层； （2）另存为… （3）配置保存（名称，文件目录）。

5.3.2.2 使用 DREAL WFS 下载数据

从布列塔尼 DREAL WFS 下载数据的步骤见表 5.3。

表 5.3 从布列塔尼 DREAL WFS 下载数据的步骤

步骤	QGIS 操作
1. 添加 WFS 连接	在 QGIS 中： 单击添加 WFS 。 在 dialog box 中： （1）创建新连接； （2）添加连接名称； （3）添加网址连接：http://geobretagne.fr/geoserver/dreal_b/wms； （4）单击 OK； （5）单击 connect。

续表

步骤	QGIS 操作
2. 下载数据集	在 WFS connection window 中： （1）选择 l_communes_2016 图层； （2）检查 CRS（2154）-Lambert 93）； （3）添加图层； （4）该图层已加载到 QGIS 中。 对其他图层重复此过程： （1）Wind farms； （2）Wind energy regional plan。
3. 将数据集保存在本地系统中	在 QGIS 中： （1）右键单击图层； （2）另存为… （3）配置保存（名称，文件目录）。

5.3.2.3　使用 CARMEN WFS 下载数据

使用 CARMEN WFS 下载数据的步骤见表 5.4。

表 5.4　使用 CARMEN WFS 下载数据的步骤

步骤	QGIS 操作
1. 添加 WFS 连接	在 QGIS 中： 单击添加 WFS。 在 Dialog box 中： （1）创建新连接； （2）添加连接名称； （3）添加网址连接： http://ws.carmen.application.developpement-durable.gouv.fr/WFS/10/Nature_Paysage； （4）单击 OK； （5）单击 connect。
2. 下载数据集	在 WFS connection window 中： （1）选择 Naturel Régional 图层； （2）检查 CRS（2154-Lambert 93）； （3）添加图层。 对其他图层重复该过程： （1）ZICO； （2）ZNIEFF 1； （3）ZNIEFF 2； （4）Arrêtées de biotope polygones； （5）Réserve naturelle régionale； （6）Réserve naturelle nationale； （7）Patrimoine mondial； （8）Sites inscrits； （9）Sites classés； （10）Directive habitats（ZSC，SIC，pSIC）； （11）Directive oiseaux（ZPS）。

续表

步骤	QGIS 操作
3. 将数据集保存在本地系统中	在 QGIS 中： （1）右键单击图层； （2）另存为… （3）配置保存（名称，文件目录）。

5.3.2.4　使用 QuickOSM 下载数据

使用 QuickOSM 下载数据的步骤见表 5.5。

表 5.5　使用 QuickOSM 下载数据的步骤

步骤	QGIS 操作
1. 配置下载布列塔尼电力线的查询	在 QGIS 中： 启动 QuickOSM 扩展 。 在 Quick query 中： （1）配置键：power； （2）配置值：line； （3）选择市政图层作为范围； 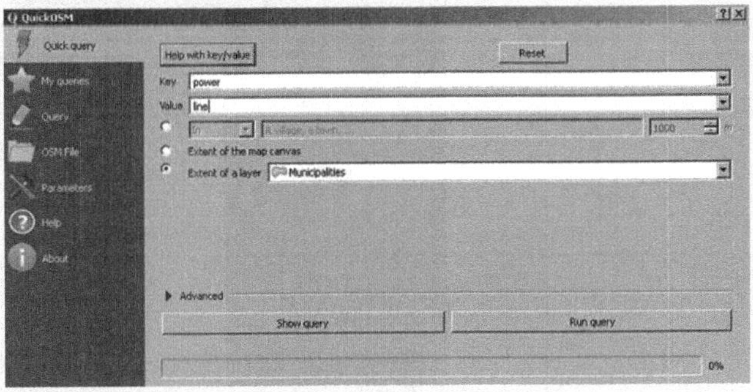 （4）单击运行查询。 电力线图层已下载到 QGIS 中，为 WGS84 系统，并存储在缓存中。
2. 保存并重新投影图层	在 QGIS 中： （1）右键单击图层； （2）另存为… （3）配置保存（名称，文件目录，CRS->EPSG 2154-Lambert 93）。

5.3.3　准备人口网格数据集

人口网格数据集的准备步骤见表 5.6。

121

表 5.6 人口网格数据集的准备步骤

步骤	QGIS 操作
1. 运行图形建模器	在 QGIS 中： Processing → Graphical Modeler··· 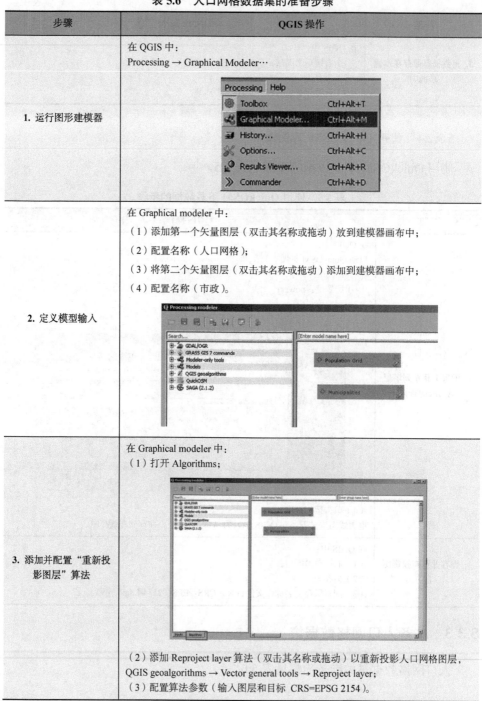
2. 定义模型输入	在 Graphical modeler 中： （1）添加第一个矢量图层（双击其名称或拖动）放到建模器画布中； （2）配置名称（人口网格）； （3）将第二个矢量图层（双击其名称或拖动）添加到建模器画布中； （4）配置名称（市政）。
3. 添加并配置"重新投影图层"算法	在 Graphical modeler 中： （1）打开 Algorithms； （2）添加 Reproject layer 算法（双击其名称或拖动）以重新投影人口网格图层，QGIS geoalgorithms → Vector general tools → Reproject layer； （3）配置算法参数（输入图层和目标 CRS=EPSG 2154）。

续表

步骤	QGIS 操作
3. 添加并配置"重新投影图层"算法	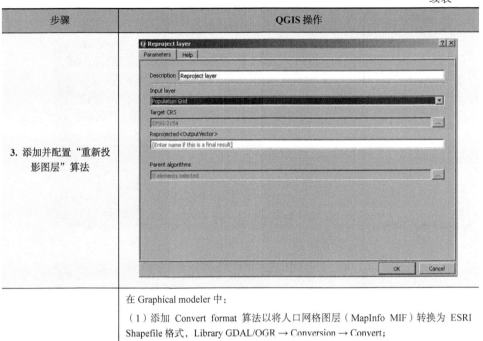
4. 添加并配置"转换格式"算法	在 Graphical modeler 中： （1）添加 Convert format 算法以将人口网格图层（MapInfo MIF）转换为 ESRI Shapefile 格式，Library GDAL/OGR → Conversion → Convert； （2）配置算法参数（输入图层和目标格式 ESRI Shapefile）。 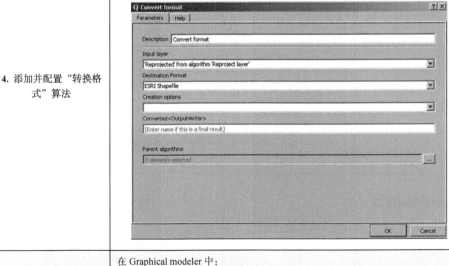
5. 添加并配置"裁剪"算法	在 Graphical modeler 中： （1）以市政图层为标准加入 Clip 算法裁剪人口网格图层，QGIS Geoalgorithms → Vector overlay tools → Clip； （2）配置算法（输入图层、裁剪标准图层和输出图层名）。

步骤	QGIS 操作
5. 添加并配置"裁剪"算法	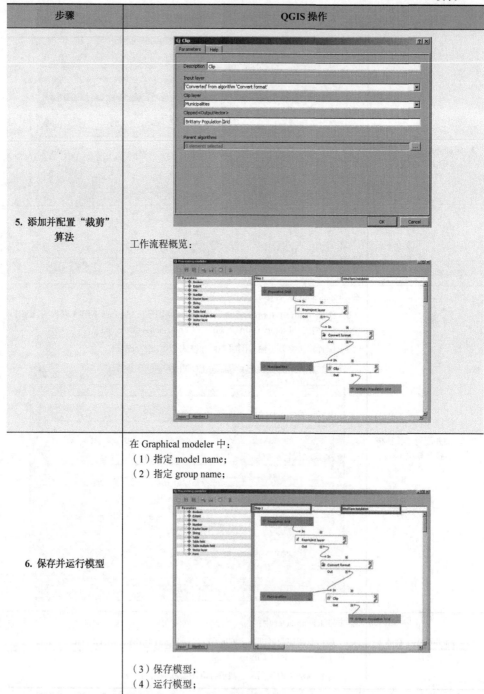 工作流程概览：
6. 保存并运行模型	在 Graphical modeler 中： （1）指定 model name； （2）指定 group name； （3）保存模型； （4）运行模型；

续表

步骤	QGIS 操作
6. 保存并运行模型	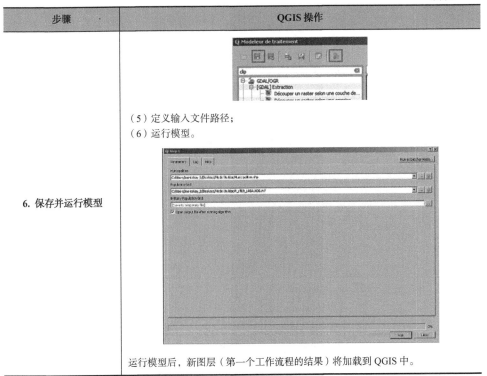 （5）定义输入文件路径； （6）运行模型。 运行模型后，新图层（第一个工作流程的结果）将加载到 QGIS 中。

5.3.4 识别居民区

识别居民区的步骤见表 5.7。

表 5.7 识别居民区的步骤

步骤	QGIS 操作
1. 运行图形建模器	在 QGIS 中： Processing → Graphical Modeler。
2. 添加模型输入	在 Graphical modeler 中： 添加模型的输入： 　　a. 人口网格； 　　b. 市政。
3. 添加并配置对称求差算法	在 Graphical modeler 中： （1）添加 Symmetrical difference 算法，SAGA → Vector polygon tools → Symmetrical difference； （2）配置算法（输入图层和对称求差图层）。

步骤	QGIS 操作
3. 添加并配置对称求差算法	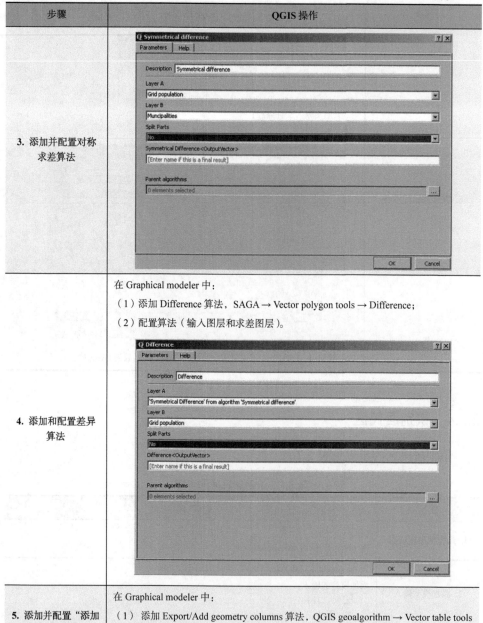
4. 添加和配置差异算法	在 Graphical modeler 中： （1）添加 Difference 算法，SAGA → Vector polygon tools → Difference； （2）配置算法（输入图层和求差图层）。
5. 添加并配置"添加几何列"算法	在 Graphical modeler 中： （1）添加 Export/Add geometry columns 算法，QGIS geoalgorithm → Vector table tools → Export/ Add geometry columns； （2）配置算法（输入图层和计算使用的 CRS）。

步骤	QGIS 操作
5. 添加并配置"添加几何列"算法	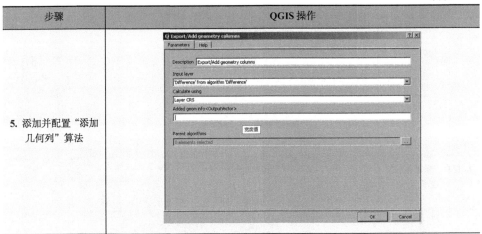
6. 添加并配置"按属性提取"算法	在 Graphical modeler 中： （1）添加 Extract by attribute 算法，QGIS geoalgorithm → Vector selection tools → Extract by attribute； （2）配置算法（输入图层、选择属性、算子、值和输出图层名称)。 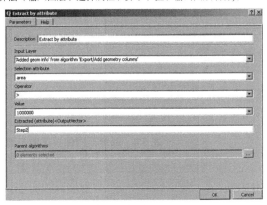 工作流程概览： 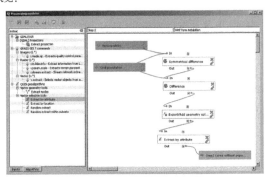

步骤	QGIS 操作
7. 保存，配置和运行模型	在 Graphical modeler 中： （1）指定 model name； （2）指定 group name； （3）保存模型； （4）运行模型； （5）定义输入文件路径； （6）运行模型； （7）运行模型后，新图层（工作流程的结果）会加载到 QGIS 中。

5.3.5 考虑保护区

5.3.5.1 联合不同保护区

联合不同保护区的步骤见表 5.8。

表 5.8 联合不同保护区的步骤

步骤	QGIS 操作
1. 运行图形建模器	在 QGIS 中： Processing → Graphical Modeler。
2. 添加模型输入	在 Graphical modeler 中： 添加模型输入： （1）Regional natural park； （2）ZICO； （3）ZNIEFF 1； （4）ZNIEFF 2； （5）Biotope areas； （6）Réserve naturelle régionale； （7）Réserve naturelle nationale； （8）World heritage； （9）Registered sites； （10）Classified sites； （11）Habitat directive；

步骤	QGIS 操作
3. 添加和配置多边形联合算法	（12）Birds directive。 在 Graphical modeler 中： （1）添加 Polygon Union 算法，SAGA → Vector polygon tools → Polygon Union； （2）配置算法（图层和输出名称）； 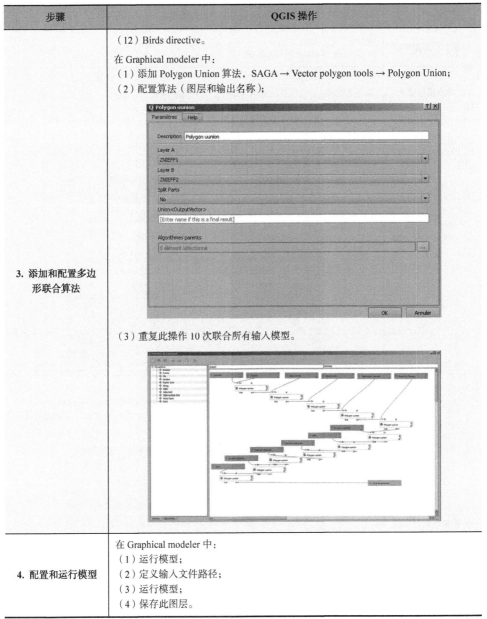 （3）重复此操作 10 次联合所有输入模型。
4. 配置和运行模型	在 Graphical modeler 中： （1）运行模型； （2）定义输入文件路径； （3）运行模型； （4）保存此图层。

5.3.5.2　在保护区联合图层和无人区图层之间求差

在保护区联合图层和无人区图层之间求差的步骤见表 5.9。

表 5.9　在保护区联合图层和无人区图层之间求差的步骤

步骤	QGIS 操作
1. 运行图形建模器	在 QGIS 中： Processing → Graphical Modeler。
2. 添加模型输入	在 Graphical modeler 中： 添加模型输入：受保护的区域（上一个任务的结果）。 无人区。
3. 添加并配置差异算法	在 Graphical modeler 中： （1）添加 Difference 算法，SAGA → Vector polygon tools → Difference； （2）配置算法（输入图层和求差图层）。 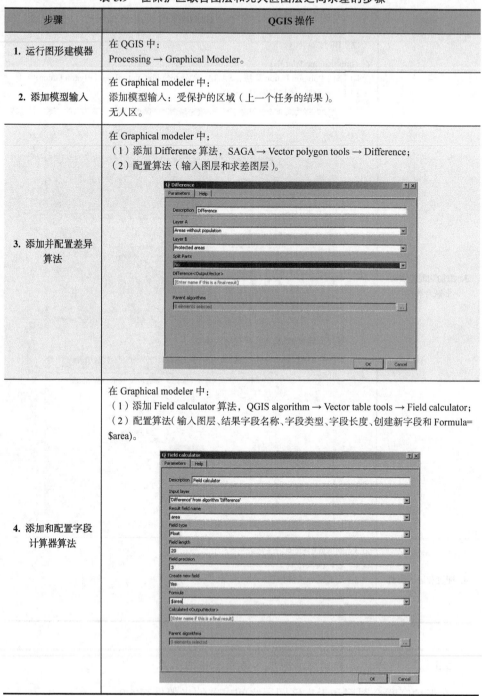
4. 添加和配置字段计算器算法	在 Graphical modeler 中： （1）添加 Field calculator 算法，QGIS algorithm → Vector table tools → Field calculator； （2）配置算法（输入图层、结果字段名称、字段类型、字段长度、创建新字段和 Formula= $area）。

续表

步骤	QGIS 操作
5. 添加并配置按属性提取算法	在 Graphical modeler 中： （1）添加 Extract by attribute 算法，QGIS algorithm → Vector selection tools → Extract by attribute； （2）配置算法（输入图层、选择属性=area、值>100000、输出矢量名称）。 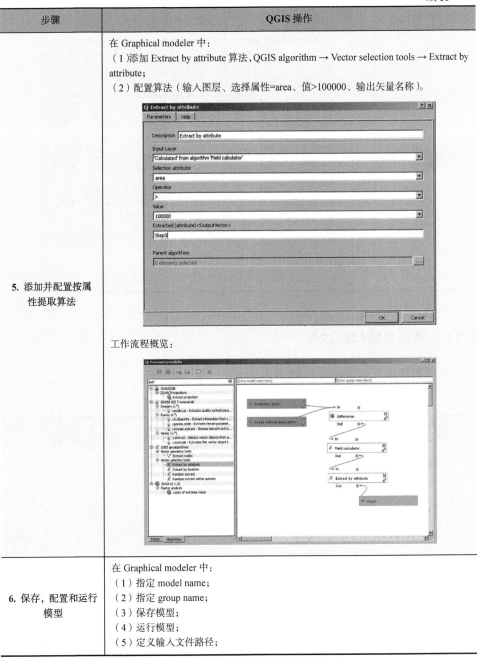 工作流程概览：
6. 保存，配置和运行模型	在 Graphical modeler 中： （1）指定 model name； （2）指定 group name； （3）保存模型； （4）运行模型； （5）定义输入文件路径；

续表

步骤	QGIS 过程
6. 保存，配置和运行模型	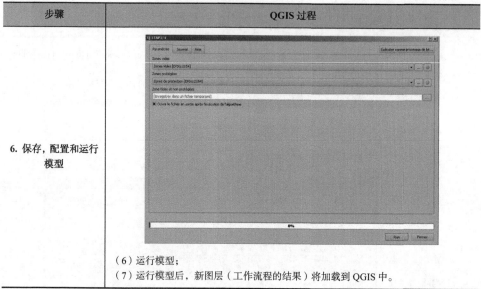 （6）运行模型； （7）运行模型后，新图层（工作流程的结果）将加载到 QGIS 中。

5.3.6 考虑当地风能政策

考虑当地风能政策的步骤见表 5.10。

表 5.10 考虑当地风能政策的步骤

步骤	QGIS 操作
1. 运行图形建模器	在 QGIS 中： Processing → Graphical Modeler。
2. 添加模型输入	在 Graphical modeler 中： 添加模型输入： （1）最后工作流程的结果（无人且不受保护的区域）； （2）风电场； （3）区域风能计划； （4）风功率密度。
3. 添加并配置相交算法	在 Graphical modeler 中： （1）添加 Intersect 算法，SAGA → Vector polygon tools → Intersect； （2）配置算法（输入图层和相应图层）。

步骤	QGIS 操作
3. 添加并配置相交算法	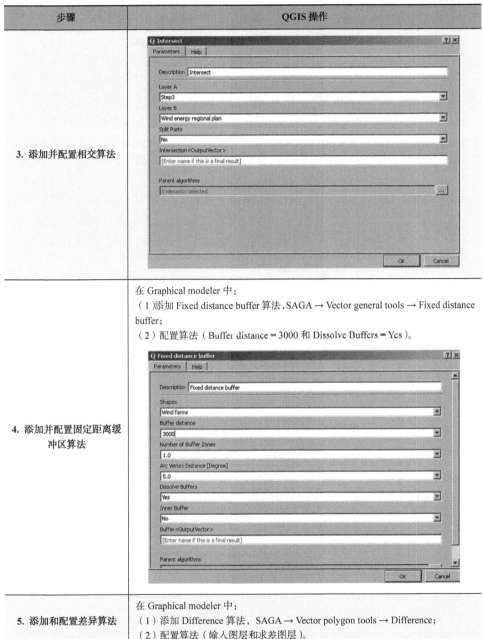
4. 添加并配置固定距离缓冲区算法	在 Graphical modeler 中： （1）添加 Fixed distance buffer 算法，SAGA → Vector general tools → Fixed distance buffer； （2）配置算法（Buffer distance = 3000 和 Dissolve Buffers = Yes）。
5. 添加和配置差异算法	在 Graphical modeler 中： （1）添加 Difference 算法，SAGA → Vector polygon tools → Difference； （2）配置算法（输入图层和求差图层）。

步骤	QGIS 操作
5. 添加和配置差异算法	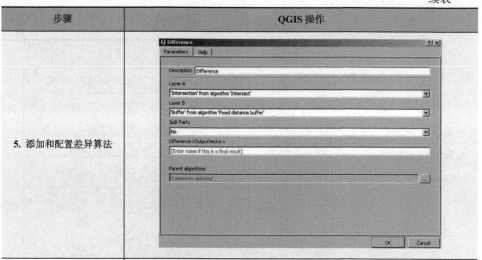
6. 添加和配置依据属性提取算法	在 Graphical modeler 中： （1）添加 Extract by attribute 算法，QGIS algorithm → Vector selection tools → Extract by attribute； （2）配置算法（输入图层、选择属性= gridcode、值 > 350）。 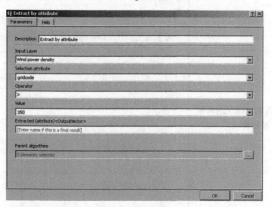 工作流程概览： 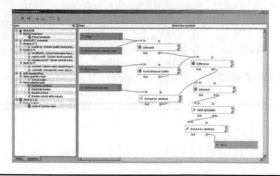

步骤	QGIS 操作
7. 保存，配置和运行模型	在 Graphical modeler 中： （1）指定 model name； （2）指定 group name； （3）保存模型； （4）运行模型； （5）定义输入文件路径； （6）运行模型； （7）运行模型后，新图层（工作流程的结果）将加载到 QGIS 中。

5.3.7 考虑电力线接近度

考虑电力线接近度的步骤见表 5.11。

表 5.11 考虑电力线接近度的步骤

步骤	QGIS 操作
1. 运行图形建模器	在 QGIS 中： Processing → Graphical Modeler。
2. 添加模型输入	在 Graphical modeler 中， 添加模型输入： （1）最后工作流程结果； （2）电力线。
3. 添加和配置固定距离缓冲区算法	在 Graphical modeler 中： （1）添加 Fixed distance buffer 算法，SAGA → Vector general tools → Fixed distance buffer。 （2）配置算法（Buffer distance = 1000，Dissolve Buffers = Yes）。

续表

步骤	QGIS 操作
3. 添加和配置固定距离缓冲区算法	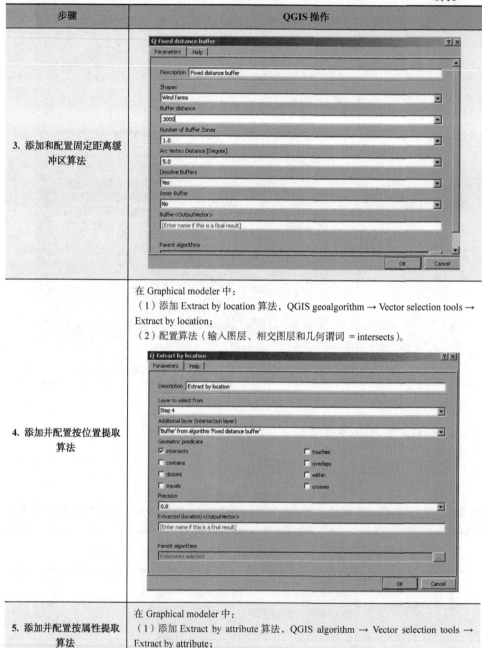
4. 添加并配置按位置提取算法	在 Graphical modeler 中： （1）添加 Extract by location 算法，QGIS geoalgorithm → Vector selection tools → Extract by location； （2）配置算法（输入图层、相交图层和几何谓词 = intersects）。
5. 添加并配置按属性提取算法	在 Graphical modeler 中： （1）添加 Extract by attribute 算法，QGIS algorithm → Vector selection tools → Extract by attribute； （2）配置算法（输入图层、选择属性= area 和值 >700000）。

续表

步骤	QGIS 操作
5. 添加并配置按属性提取算法	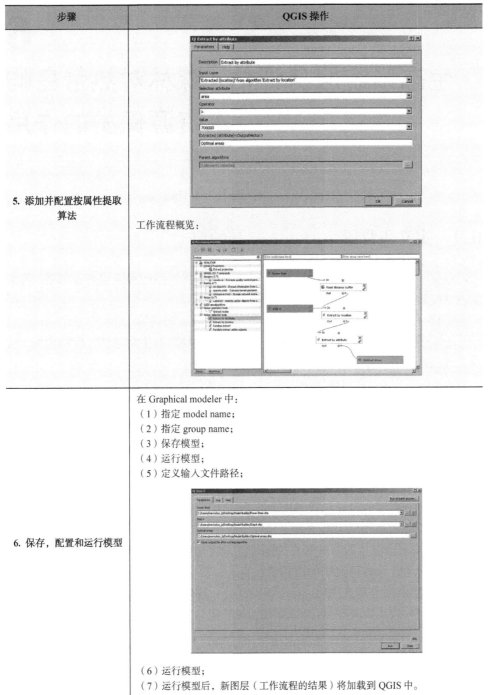 工作流程概览：
6. 保存，配置和运行模型	在 Graphical modeler 中： （1）指定 model name； （2）指定 group name； （3）保存模型； （4）运行模型； （5）定义输入文件路径； （6）运行模型； （7）运行模型后，新图层（工作流程的结果）将加载到 QGIS 中。

6

生态系统服务评估：森林对热带岛屿水资源保护的作用

Rémi Andreoli，Brice Van Haaren

6.1 定义和背景

根据《千禧年生态系统评估》，生态系统为人类提供四种主要服务类型，称为生态系统服务[MIL 03]：

（1）供给服务（食品、清水、木材、纺织品、燃料等）；

（2）调节服务，提供人类生存生活所需要的物理和生物环境（作物授粉、防洪、气候调节等）；

（3）文明服务，包括娱乐、美学、精神和教育服务；

（4）支持服务，代表为上述服务提供的所有基础生态系统过程。

当前，没有通用的指标表征生态系统的"健康"或"功能"[MAR 11]。因此，生态系统及其各种服务将根据其自身的特点单独进行评估。

本章中，将重点描述森林生态系统在集水区周边（称为 PPE）水资源保护方面的功能，通过研究与森林退化相关的服务损失评估其功能状态。

森林生态系统的退化导致水资源保护相关的生态系统服务缺失，因此导致：

（1）森林动植物的丰富度和多样性下降[BRO 02；KLE 89；LAU 98；RAH 01]；

（2）与土壤保持服务缺失有关的侵蚀危害增加[BRA 07b；GYS 05；KEI 03]，以及其他因素，导致河流中的沉积物污染；

（3）防洪服务缺失[BRA 07a；BRA 07b；BRO 16；FOL 07；GUI 05]和干旱季节缺水，导致水资源短缺[BRA 07b；SMA 01]。

6.2 方法

这里介绍的方法基于在新喀里多尼亚（New Caledonia，太平洋西南部）获得的经验，但考虑到研究地区的区域特性，此方法可以广泛应用。所提出的方法基于以下三个准则评估森林生态系统的功能状态：

（1）土壤保持生态系统服务的缺失；

（2）水调节生态系统服务的缺失；

（3）复原服务的缺失（新喀里多尼亚的森林大火）。

因此，本章提出基于专家决策树的诊断方法，利用三个参数分别表示上述三个准则：

（1）根据侵蚀危害（低、中、高、极高）对应的 RUSLE 模型[AND 18]推算每个集水区周边的土壤流失；

（2）被认为是每个集水区周边"景观倾向"的优势植被类型（森林、草本和灌木丛、开放景观）；

（3）每个集水区周边的森林破碎度（低、中、高）。

该方法分为五个主要步骤，如图 6.1 所示。

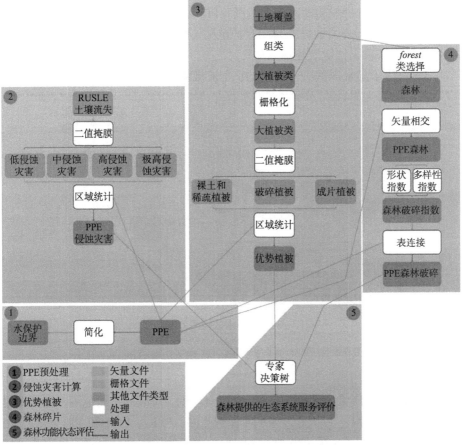

图 6.1　用于集水区周边水资源保护的森林功能评估算法

该图的彩色版本（英文）参见 www.iste.co.uk/baghdadi/qgis3.zip，2020.10.16

（1）PPE（集水区周边）数据库准备；

（2）确定每个 PPE 的侵蚀危害；

（3）确定每个 PPE 的优势植被类型；

（4）估计每个 PPE 的森林破碎度；

（5）评估每个 PPE 的森林功能。

执行这些步骤使用了多个 GIS 软件（QGIS、GRASS）和一些特定扩展，包括信息校正（几何检查）、统计分析（分组统计）以及对矢量和矩阵数据进行交叉分析（区域统计）的扩展。

6.2.1 集水区周边数据库的准备

集水区周边通常被定义为供人类使用的集水区场地周围，以确保对水资源的保护（图 6.2）。通常有三级保护：

（1）对应于有护栏的即时保护范围（PPI）；

（2）对应于几公顷区域的封闭保护范围（PPR），该区域禁止任何可能造成污染的活动或需采取特殊措施的活动；

（3）对应于集水区供应，甚至是整个流域的远程保护范围（PPEs）。

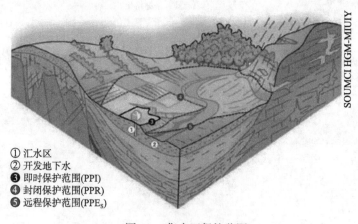

图 6.2　集水区保护范围

该图的彩色版本（英文）参见 www.iste.co.uk/baghdadi/qgis3.zip, 2020.10.16

本章的分析从广义上聚焦于集水区周边（PPE）对应的扩展范围，包括即时、密闭和远程保护范围。实际上，集水区保护范围（PPEs、PPR 和 PPI）在地理上被定义为基于 Spaghetti 模型的独特多边形（无拓扑规则且具有多边形重叠）。这会导致几何的复杂叠加和重叠，因此需要对集水区周边进行预处理工作。

边界简化包括以下步骤（图 6.3）：

（1）PPI、PPR 和 PPE$_S$ 合并为连续且同质的单元多边形。这些新多边形命名为 PPE。

对多边形进行分组的 QGIS 功能如下。
- 溶解：Vector → Geoprocessing tools → Dissolve…

（2）通过移除多边形重叠和多边形内部孔洞对 PPE 进行拓扑校正。

分析和校正 PPE 的 QGIS 功能如下。
- 检查几何：Vector → Geometry tools → Check geometries

（3）将小于 1hm^2 的 PPE 并入相邻较大的 PPE。

将小于 1hm^{2}PPE 合并为较大相邻 PPE 的 GRASS 功能如下。
- 矢量清理：Processing toolbox → GRASS commands → Vector → v.clean…

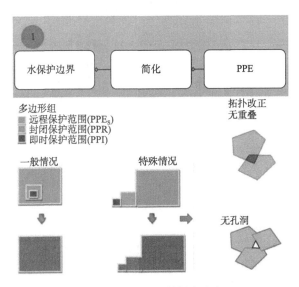

图 6.3　PPE 数据库准备

该图的彩色版本（英文）参见 www.iste.co.uk/baghdadi/qgis3.zip, 2020.10.16

6.2.2　土壤保持准则：侵蚀危害参数

该准则直接与土壤保持服务（或服务缺失）和诱发产生沉积物相关。

使用 RUSLE 公式[AND 17]，可将产生的沉积物估算为由降雨和径流造成的土壤流失。

　　每个 PPE 的侵蚀危害评估包括由 PPE 定义的空间单元尺度上综合土壤流失（图 6.4a）。这种综合使用决策规则，考虑了根据侵蚀强度分类的面积百分比（图 6.4b）[LE 02；LE 04]。结果是每个 PPE 的侵蚀危害分类（图 6.4c）。

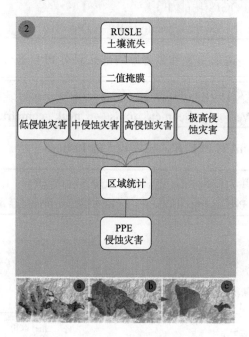

图 6.4　每个 PPE 的侵蚀危害评估

a. 根据 RUSLE 公式估计的土壤流失，单位 t /(hm²·a)（从白色，接近 0 的值到红色，高土壤流失率的估计）；

b. 根据土壤流失估计值得到的侵蚀危害像素地图：低（绿色），中（黄色），高（橙色），极高（红色）；c. PPE 侵蚀危害分类（黄色，低度至中度；橙色，中度至高度；红色，高度至极高度）。该图的彩色版本参见
www.iste.co.uk/baghdadi/qgis3.zip, 2020.10.16

　　该方法分为以下几个步骤：

　　（1）根据 RUSLE 公式估算的土壤流失值，确定每个像素属于哪个侵蚀危害类别（低、中、高、极高）。该步骤的结果是以四个侵蚀危害类别为特征的整个区域的像素地图。

　　（2）每个 PPE 的估计。

　　（3）每个侵蚀危害类别的百分比。

　　（4）根据定义的决策规则，分析每种侵蚀危害类别的分布，以表征 PPE 尺度的全局侵蚀危害。

6.2.2.1 从 RUSLE 土壤流失到侵蚀危害等级

RUSLE 公式用于估算由于流水（降雨和径流）引起的模型每个格网（像素）上土壤颗粒的流失。土壤流失的单位通常以 $t / (hm^2 \cdot a)$ 表示。

RUSLE 公式估算的土壤流失值与侵蚀危害强度之间的相关性根据经验值确定，超过该经验值侵蚀危害就会增加。在新喀里多尼亚，这些值的估计可以参考文献综述和整个地区的土壤流失值统计分布[AND 16]。

用到的值（表 6.1）对应于根据 RUSLE 公式建模的土壤流失值统计分布的三个值。它们与文献[AND 16]中的相似值一致。

表 6.1　侵蚀危害类别的阈值定义[AND 16]　　　　[单位：$t / (hm^2 \cdot a)$]

类别	阈值
低度侵蚀危害	<2
中度侵蚀危害	2～23.3
高度侵蚀危害	23.3～102.1
极高侵蚀危害	>102.1

这些阈值用于根据 RUSLE 公式建模的土壤流失值创建四类侵蚀危害地图。

创建二进制掩膜的 QGIS 功能如下。
- 阈值：Raster → Raster calculator⋯

6.2.2.2 确定每个 PPE 的侵蚀危害

从先前的四类侵蚀危害地图，可以为每个 PPE 计算每种危害类别的百分比。

计算区域统计信息的 QGIS 功能如下。
- 区域统计：Raster → Zonal statistics → Zonal statistics⋯

使用决策规则（表 6.2），考虑每个 PPE 的每种侵蚀危害类别面积百分比，根据[LE 02]提出的方法估算每个 PPE 的全局侵蚀危害。

表 6.2　新喀里多尼亚 PPE 的侵蚀危害类别分配定义[AND 16]

PPE 中的侵蚀危害类别百分比	全局侵蚀危害类别分配
低侵蚀危害>22%和极高侵蚀危害=0%	低度至中度侵蚀危害

续表

PPE 中的侵蚀危害类别百分比	全局侵蚀危害类别分配
0%<极高侵蚀危害≤18%，低度侵蚀危害≤22%	
或高度侵蚀危害>48%，0%<极高侵蚀危害≤18%	
或极高侵蚀危害>18%，高度侵蚀危害>0，且[高度侵蚀危害+中度侵蚀危害]>29%	中度至高度侵蚀危害
或[极高侵蚀危害+高度侵蚀危害+中度侵蚀危害]> [低度侵蚀危害和极高侵蚀危害<高度侵蚀危害+中度侵蚀危害]	
极高侵蚀危害>50%	
或极高侵蚀危害>18%，高度侵蚀危害>48%	
或[极高侵蚀危害+高度侵蚀危害+中度侵蚀危害]>低度侵蚀危害和极高侵蚀危害>[高度侵蚀危害+中度侵蚀危害]	高度至极高侵蚀危害
或[极高侵蚀危害+高度侵蚀危害+中度侵蚀危害]>79%，且中度侵蚀危害<[高度侵蚀危害+极高侵蚀危害]	
或极高侵蚀危害>18%，高度侵蚀危害>0，[高度侵蚀危害+中度侵蚀危害]<29%	

基于现有属性创建新属性的 QGIS 功能如下。

- 新属性计算：Processing toolbox → QGIS Geoalgorithms → Vector table tools → Field calculator…

该方法的优点是，考虑到每类侵蚀的相对强度，在行政单位尺度上对侵蚀危害进行了总体表征。因此，这种综合的方法对极端值的敏感性不如使用土壤流失平均值或中位数。此方法还更好地考虑了在 PPE 中不明显的高度侵蚀和极高侵蚀危害区域。

6.2.3 水分调节准则和生态系统退化：优势植被参数

给定区域的优势植被信息可反映生态系统退化程度，其原因包括人为影响或相关服务缺失。优势植被指标提供了一组生态系统服务供给的全局指数。在新喀里多尼亚，森林退化的特征基于森林极点假设，即在第一批澳斯特罗尼西亚人（austronesians）抵达前，森林覆盖整个地区[CUR 15；JAF 80；MC 99；IBA 13]。

为确定每个 PPE 的优势植被，可以使用与估计侵蚀危害类似的方法。该方法分为以下步骤（图 6.5）：

（1）将土地利用类别分组为更大的特征植被类别。

估计每个简化的 PPE：①各个特征植被类别的百分比；②各个简化 PPE 中每个特征植被类别的分布，并基于定义的决策规则确定总体优势植被。

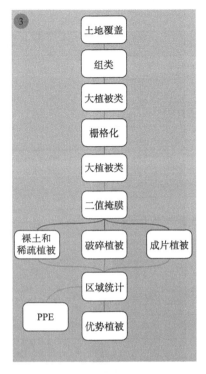

图 6.5　确定每个简化 PPE 的优势植被

6.2.3.1　确定大型植被类别

新喀里多尼亚土地覆盖数据库由新喀里多尼亚政府信息技术和服务指南（DTSI）部门制作，包括 4 大类 19 小类。分类结果根据卫星影像半自动分析得到，因此其有效性不是绝对的。分类验证的 Kappa 系数为 75.5%[DIR 08]。

最初的四个类别与大类植被不对应。因此，这 19 个详细的土地利用类别被聚合为三个类别（表 6.3）。

表 6.3　聚合新喀里多尼亚土地利用类别为大型植被类别[AND 16]

土地利用数据库	大型植被类别
超基性土壤的森林	森林
火山和沉积土壤的森林	
火山岩和沉积土壤的灌木林	灌木和草本植物
稀疏草原	
密集灌木丛	
草本灌木丛	

续表

土地利用数据库	大型植被类别
火山和沉积土壤的稀疏植被	裸土和稀疏植被
火山或沉积裸土	
基本土壤的稀疏植被	
超基性裸土	
城市区域	未再分类
地形和云阴影	
水体	
海洋	
稀疏红树林	
密集红树林	
云	
盐渍裸土	

基于现有属性创建新属性的 QGIS 功能如下。

• 新属性计算：Processing toolbox → QGIS Geoalgorithms → Vector table tools → Field calculator…

6.2.3.2 确定 PPE 中的优势植被

新喀里多尼亚 PPE 中的优势植被由一个或一组大类植被确定[AND 16]。

在这里定义了三种优势植被类型：

优势植被 1：由树木和灌木形成的景观占主导地位，对应于低度退化至中度退化的森林；

优势植被 2：树木、灌木和草本植物的混合体系，存在裸露的土壤，并且灌木和草地占主导地位，对应于中度退化到高度退化的森林；

优势植被 3：裸土大量存在的景观植被稀疏，由草本植物、少数灌木和乔木组成，对应于高度退化到极高退化的森林。

根据大型植被地图，在每个 PPE 中计算每个类别相应的百分比。

计算区域统计信息的 QGIS 功能如下。

• 区域统计：Raster → Zonal statistics → Zonal statistics…

然后使用决策规则（表 6.4）确定每个 PPE 的优势植被，其中要考虑每个 PPE 各种大型植被类的面积百分比。

表 6.4　确定新喀里多尼亚 PPE 优势植被[AND 16]

PPE 中土地覆盖百分	优势植被类型
森林>59% 或森林覆盖率≤59%，灌木丛和草本植被>33%，灌木丛和草本植被≤68%，裸土和稀疏植被≤11%	优势植被 1：以树木和灌木丛为主的景观
灌木丛和草本植被>68% 或森林≤59%，裸土和稀疏植被≤36%，裸土和稀疏植被>11% 或森林≤59%和灌木丛和草本植被>33%	优势植被 2：树木、灌木和草本植物镶嵌分布，有裸露的土壤，以灌木和草本植物为主
森林≤59%，裸土和稀疏植被>36%，森林覆盖>20% 或森林覆盖≤20%，灌木丛和草本植被≤33%	优势植被 3：具有大量裸露土壤的景观，植被稀疏且由草本植物组成

基于原属性创建新属性的 QGIS 功能如下。
- 新属性计算：Processing toolbox → QGIS Geoalgorithms → Vector table tools > Field calculator⋯

6.2.4　复原力准则：森林破碎度参数

森林本身即是碎片化的，与栖息地缺失无关（由优势植被决定）。碎片化表征森林的块状特征，也表示其火灾复原能力缺失。该参数也提供有关生态系统退化的信息，其原因包括人为因素压力或相关服务缺失。

使用[HUR 02；MOU 12；RIT 00]提出的公式可以估计每个 PPE 的森林破碎度。现有一些指数用于估计森林破碎度。在科学文献中，专家常使用大量指数表征森林破碎度。

本章选择形状指数和多样性指数两个全局破碎度指数。选择的原因是只使用土地利用数据中的森林覆盖数据[AND 16]即可在地区尺度上估算这些指数，易于操作。

估计每个 PPE 的破碎度包括三个步骤（图 6.6）：

（1）基于每个 PPE 中森林的形状、数量和分布计算指数。第一步是在 PPE 数据库（6.2.1 节）和 6.2.2.1 节中确定的大森林类别之间进行交集运算。

（2）根据每个森林多边形的几何属性，使用表格格式的区域统计计算两个破碎度指数（形状和多样性）。然后通过属性表连接将它们分配给相应的 PPE。

（3）根据定义的决策规则估算 PPE 内的森林破碎度。

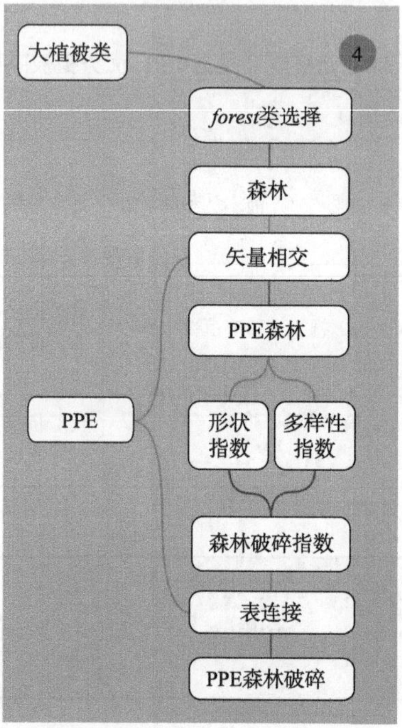

图 6.6　森林破碎指数测定方法

6.2.4.1　森林类别与 PPE 数据库的交集

首先，从大型植被类型的分类中提取森林类别。然后，将此类别与 PPE 数据库进行交集运算，以便在 PPE 多边形中仅保留森林。

使用 PPE 与森林类别相交的 QGIS 功能如下。
- 根据属性表达式选择实体
- 保存选择为新矢量图层
- 矢量相交：Processing toolbox → QGIS Geoalgorithms → Vector overlay tools → Intersection

---

6.2.4.2　多样性指数

式（6.1）使用香农（Shannon）指数公式[BOG 05]计算森林地块的多样性，记为 $H_j(a)$，式（6.1）中 ln 是自然对数，a_{ij} 是森林 j 的第 i 个地块的面积。由香农指数确定的多样性指数基于以下原则：多样性越丰富，不确定性（熵）越大。此类指数通常用于衡量生态系统的相对丰度[FAO 99]：

$$H_j(a) = \sum_{i=1}^{n_j} - \left(\frac{a_{ij}}{\sum\limits_{i=1}^{n_j} a_{ij}} \ln \frac{a_{ij}}{\sum\limits_{i=1}^{n_j} a_{ij}} \right) \tag{6.1}$$

该指数衡量森林地块的相对多样性。$H_j(a)$值取决于地块（n_j）的数量、其相对比例和异质性。当类别中仅包含一个地块时，指数值等于 0，并且其值将随着地块的数量以及该类别的地块面积均匀度而增加[MCG 95]（图 6.7）：

（1）低多样性指数值（接近 0）表示森林地块很少且同质；

（2）多样性指数值接近 1 表示森林地块形状类型略有多样化，地块数量少且大小均一；

（3）接近于 2 的多样性指数值表明森林地块的异质性更大，地块数量更多，大小异质性更强；

（4）多样性指数值大于 2 对应于具有种类、形状和大小异质的大量森林地块。

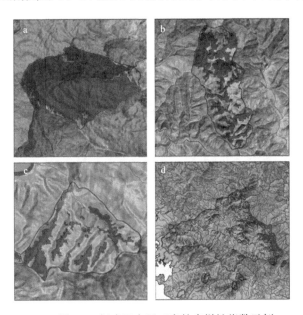

图 6.7　新喀里多尼亚森林多样性指数示例

a. 多样性指数= 0.02；b. 多样性指数= 0.90；c. 多样性指数=1.95；d. 多样性指数=3.56。该图的彩色版本参见 www.iste.co.uk/baghdadi/qgis3.zip, 2020.10.16

基于现有属性创建新属性的 QGIS 功能如下。

- 新属性计算：Processing toolbox → QGIS Geoalgorithms → Vector table tools → Field calculator…

为选定属性计算分组统计信息的 QGIS 功能如下。

- 分组统计：Vector → Group Stats → GroupStats

6.2.4.3 形状指数

森林 j 的形状指数（IF_j）使用以下公式确定：

$$IF_j = \frac{P_{ij}^2}{\sum_{i=1}^{n_j} a_{ij}} \qquad (6.2)$$

其中，P_{ij} 为 j 类总周长，a_{ij} 为森林 j 的第 i 个地块的面积。

形状指数基于面积周长之比。地块延伸或不规则形状越多，IF_j 值越高，随着形状变为圆形，该值将减小[BOG 00]（图 6.8）：

（1）低形状指数（0～50）表征是接近圆形的紧凑物体。完美圆形对象的形状指数值等于 4。

（2）形状指数值接近 100 表征具有复杂形状的物体，如位于流域上游的紧凑森林地块，沿谷底小溪呈现舌状下降。

（3）高形状指数值（>1000）表征复杂和分枝的（树突状）形式。指数超出此值越高，森林地块的模式越复杂。

形状指数仅表示森林地块的形状。它不提供有关地块数量、同质性或异质性的信息。

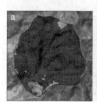

图 6.8　新喀里多尼亚的森林形状指数示例

a. 形状指数=39；b. 形状指数=95；c. 形状指数=965。该图的彩色版本参见 www.iste.co.uk/baghdadi/qgis3.zip,
2020.10.16

基于现有属性创建新属性的 QGIS 功能如下。

- 新属性计算：Processing toolbox → QGIS Geoalgorithms → Vector table tools → Field calculator⋯

为选定属性计算分组统计信息的 QGIS 功能如下。

- 分组统计信息：Vector → Group Stats → GroupStats

6.2.4.4 PPE 森林破碎度

根据前面两个指数，分两步确定每个 PPE 中的森林破碎度：

第一步是定义这两个指数的阈值，分别对应于森林地块的形态和破碎度；

第二步是根据定义的决策树对形状类和森林地块碎片进行交叉分析，以估计每个 PPE 的全局森林破碎度。表 6.5 列出了两个指数的阈值。

表 6.5 用于定义新喀里多尼亚 PPE 森林破碎度类别的阈值[AND16]

森林地块形状	形状指数阈值	森林地块多样性	多样性指数阈值
从紧凑到复杂地块	[0, 400]	少数均匀地块	[0, 0.6]
高度复杂的地块	[400, 2250]	更多与异构形状相关的地块	[0.6, 1.9]
分叉且高度复杂的地块	[2250, +∞]	大量高度异质的地块	[1.9, +∞]

PPE 的森林破碎度可以根据决策树从三类森林形状和三类森林多样性中确定（图 6.9）。然后从逻辑上确定森林破碎度。

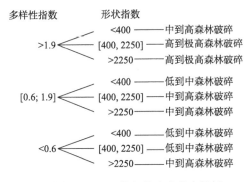

图 6.9 PPE 的森林破碎度决策树

该图的彩色版本（英文）参见 www.iste.co.uk/baghdadi/qgis3.zip, 2020.10.16

基于现有属性创建新属性的 QGIS 功能如下。

- 新属性计算：Processing toolbox → QGIS Geoalgorithms → Vector table tools → Field calculator···

6.2.5 评估 PPE 中的森林功能

这里可以用决策树（图 6.10）评估森林的功能状态，它基于"侵蚀危害"、"优势植被"和"森林破碎度"三个参数，进行"AND"布尔运算得到。对于每种可能的组合，逻辑上对应一种功能状态。例如，将准则"高度到极高侵蚀危害"、"优势植被 3"和"森林高度破碎到极高度破碎"进行逻辑与 AND 运算得到"严重恶化"森林功能状态。

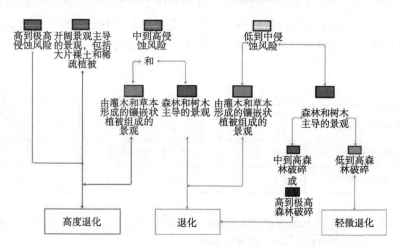

图 6.10 用于评估 PPE 森林功能状态的决策树

优势植被 1：以树木和灌木丛为主的景观；优势植被 2：树木、灌木和草本植物镶嵌分布，有裸露的土壤，以灌木和草本为主；优势植被 3：有大量裸露土壤，植被稀疏，由草本植物、部分灌木和退化森林的树木组成。该图的彩色版本（英文）参见 www.iste.co.uk/baghdadi/qgis3.zip, 2020.10.16

生态系统功能分析是定性的，并基于服务效率逻辑（例如，以森林为优势植被的高度侵蚀危害的 PPE 将被指定为"高度恶化"：生态系统的土壤保护服务能力正在下降）。然而，与侵蚀危害参数相比，这里更加强调"优势植被"参数，它们主要是因为全局服务（水调节、土壤保持、火灾复原、支持服务）的缺失。

森林破碎度使优势植被的估计更加清晰，在侵蚀危害为低度至中度情况下，景观以树木和灌木林为主时可区分"轻微恶化"和"恶化"森林功能状态。

因此，如果 PPE 的森林功能状态满足以下条件：

（1）以树木和灌木为主的景观（优势植被类型为 1）；

（2）中低度侵蚀危害；

（3）中低度森林破碎度；

将被指定为轻微恶化。

基于现有属性创建一个新属性的 QGIS 功能如下。

• 新属性计算：Processing toolbox → QGIS Geoalgorithms → Vector table tools → Field calculator…

6.2.6　方法的局限性

这三个参数并不完全相互独立。这里描述的方法是定性的，要根据这些参数进行加权。

事实上，除了降雨和径流变量、坡度和坡长以及土壤易蚀性外，侵蚀危害还包括植被覆盖（从土地覆盖衍生）。植被覆盖可直接用于确定优势植被。所利用的每个参数也有内在的局限性：

（1）土壤流失估算通过建模得出；

（2）森林土地覆盖等级不能表征下层植被的退化程度；

（3）DTSI 土地覆盖数据库具有一定的误差范围（Kappa 系数为 75.5%）。

6.3　森林功能评估实现

本节介绍了 RUSLE 模型在新喀里多尼亚 Dumbéa 地区的实现。该地区的特点是山峰众多，径流造成严重侵蚀，山高达 1200m。山区以山麓冰川为界，其后是新喀里多尼亚大特里西部大潟湖的沿海平原。自 21 世纪早期以来，该地区经历了丛林大火导致的森林退化，并直接影响了水资源的质量[AND 16]。

6.3.1　软件和数据

6.3.1.1　软件

实现中栅格处理和矢量分析使用了 OSGeo4W 软件套件，包括带有 GRASS 扩展[LAC 17]的 QGIS[1]版本 2.18。

OSGeo4W 安装程序下载链接为：https://www.qgis.org/fr/site/forusers/download.html。

一些处理需要安装三个附加的 QGIS 扩展：

（1）Group Stats Version 2.0.30：由 Rajmund Szostok 开发的扩展，可用于矢量数据组分析和统计；

（2）Geometry check 1.0：用于对矢量数据进行几何检查和校正；

（3）Zonal Statistics 0.1：可对矢量多边形内的栅格图层进行区域统计（计数、度量集中趋势）。

安装 QGIS 扩展的步骤见表 6.6。

---

[1] QGIS 是使用 GNU 公共许可证分发的用户友好型 GIS 软件。它是开源地理空间基金会（OSGeo）[QGI 17]的官方项目。

表 6.6　安装 QGIS 扩展的步骤

步骤	QGIS 操作
1. 插件仓库	在 QGIS 中： 在菜单栏中： 转到 Plugins → Manage and install plugins。
2. 搜索并安装扩展	在模块搜索栏中： Search | （1）搜索 Group Stats 插件； （2）插件列表自动过滤插件； Search　group stats 　🧩　**Group Stats** （3）选择插件，然后单击 Install plugin； （4）安装可能需要一些时间； （5）正确安装插件后，在可用的插件列表中检查已安装的插件； Search　group stats ☑ 🧩 **Group Stats** （6）继续执行相同的步骤安装 Geometry Check 和 Zonal Statistics 扩展； （7）关闭插件管理器窗口。

6.3.1.2　数据：下载土地覆盖

提供了集水区边界矢量文件（DAVAR_PPE_NC_SELECTION.shp），由新喀里多尼亚兽医和食品事务部（DAVAR）从集水区边界数据库中选择，他们负责新喀里多尼亚的边界存档和强制性数据库维护。

根据[AND 17]中获得的 RUSLE 公式估算的土壤流失可直接用于本实现，因为它们覆盖相同的区域。但是本实现也提供了 TIF 格式的土壤流失估计（pertes_en_sol_A.tif）。

本实现中使用的土地覆盖数据库可以从新喀里多尼亚地理网络服务器 http://georep.nc/，2020.10.20 下载。数据使用创作共用许可分发（每个数据集的使用条件在其元数据中描述）。

土地覆盖分类是使用2006～2008年期间 SPOT 卫星影像进行半自动处理的结果。共有 19 个小类分为四个大类：水体和红树林、市区、火山岩和沉积岩上的植被以及超基性岩层上的植被[DIR 08]。土地覆盖数据库使用参考坐标系 RGNC91-93 以 shapefile 格式提供。

文件名：occupation_du_sol_2008_SPOT5_approche_objet_shapefile.zip。

链接：http://www.geoportal.gouv.nc/geoportal/catalog/search/resource/details.page?
uuid=%7B44E58684-49BA-4F60-AFB7-BB24464FF4B4%7D, 2020.10.20。

文件大小：71.6Mb。

6.3.2　创建 PPE 多边形

集水区边界矢量文件包括根据 spaghetti 模型进行数字化处理得到的三种类型
水资源保护范围（PPI、PPR 和 PPE$_S$）。

将代表同一集水区域的 PPI、PPR 和 PPE$_S$ 的三个多边形进行分组和清理，以
获得干净简化的 PPE 多边形图层，见表 6.7。

表 6.7　根据属性合并形状

步骤	QGIS 操作
1. 打开集水区边界矢量文件	在 QGIS 中： 打开矢量文件：🗂。 DAVAR_PPE_NC_SELECTION.shp。
2. 检查属性表	在 QGIS 中： （1）通过选择图层，单击鼠标右键，然后单击 Open Attribute Table。 　　　📋 **Open Attribute Table** （2）该图层包含一个名为 ID_PPE 的属性，该属性是每个集水区的每个 PPI、PPR 和 PPE$_S$ 唯一标识符。
3. 根据属性合并形状文件	在菜单栏中： 单击 Processing → Toolbox。 将打开 QGIS 工具箱。 在 QGIS Geoalgorithms 中： （1）转到 Vector geometry tools → Dissolve； （2）选择 DAVAR_PPE_NC_SELECTION.shp 图层； （3）取消勾选选项 Dissolve all (do not use field)； （4）将字段 ID_PPE 选择为唯一 ID 字段； （5）将新矢量文件另存为 DAVAR_PPE_NC_SELECTION_DISSOVLE.shp。 多边形根据 ID_PPE 合并。

一些边界存在缺陷（重叠、几何误差），需要改正。改正分两步：

第一步，使用预安装的 Geometry Check 插件；

第二步，使用 GRASS 工具箱的清理工具。

Geometry Check 是 QGIS 的主要插件之一。它可检查给定图层几何的有效性并修复（表 6.8）。Geometry Check 插件可以发现以下错误（图 6.11）：

（a）自相交：具有自相交的多边形；

（b）重复节点：一个网段中有两个重复节点；

（c）孔洞：多边形中的孔洞；

（d）分段长度：分段长度小于阈值；

（e）最小角度：两个角度小于阈值的分段；

（f）最小面积：小于阈值的多边形面积；

（g）碎屑多边形：此错误来自于一个很小但周长较大的多边形（面积很小）；

（h）重复的属性；

（i）属性中的属性；

（j）重叠：多边形重叠；

（k）间隙：多边形之间的间隙。

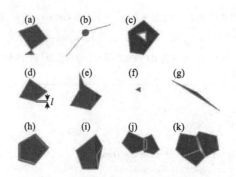

图 6.11 插件支持的不同检查

表 6.8 几何检查

步骤	QGIS 操作
1. 打开几何检查插件	在菜单栏中： 转到 Vector → Geometry tools → Check Geometries。 🔲 **Check Geometries**
2. 配置几何检查窗口（QGIS <2.18）	在 geometry checker 中： （1）选择 DAVAR_PPE_NC_SELECTION_DISSOVL E.shp 作为输入矢量图层。 （2）确认未勾选 Only selected features 选项。 （3）在 Geometry validity 部分，选择以下选项：

步骤	QGIS 操作
2. 配置几何检查窗口（QGIS <2.18）	a. Self intersections； b. Duplicate nodes； c. Polygon with less than 3 nodes。 （4）在 Allowed geometry types 部分，选择 Polygon 选项以仅允许这种类型的几何。 （5）在 Geometry properties 部分，选择 Polygons and multipolygons may not contain any holes 选项，以避免图层的多边形中出现任何不连续或环。 （6）在 Geometry conditions 部分，选择选项及其相应的验证参数，如下所示： 　　a. 值为 1 的最小线段长度（地图单位）； 　　b. 分段之间的最小角度（度）为 0.1； 　　c. 最小多边形（地图单位平方），其值为 1； 　　d. 没有碎屑多边形（最大厚度设置为 10，最大面积（地图单位平方）未勾选）。 （7）在 Topology checks 部分，选择选项及其相应参数，如下所示： 　　a. 检查重复项； 　　b. 检查其他属性中的属性； 　　c. 检查重叠度是否小于（地图单位平方），默认值为 0.00； 　　d. 检查间隙小于（地图单位 sqr），默认值为 0.00。 （8）将 Tolerance 保持为默认值 1E-8。 （9）在 Output vector layer 部分，选择 Modify input layer 以使用该工具进行交互式校正。 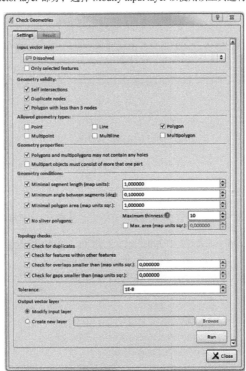 （10）单击 Run 以运行分析。

续表

步骤	QGIS 操作
	结果显示在 Result 选项卡，并在画布中显示为指向无效几何图形的指针。表格列出了 Geometry check result，每列有一个错误：第一列是对象的标识符，第二列是错误原因，然后是错误坐标，是一个值（如果发生错误，则为相对于给定的阈值，如最小允许角度）进行估算，最后是指示错误解决方案的解决方案列。在此表的底部，可将错误导出到图形文件。在右侧有错误总数和已纠正的错误总数。
3. 分析交互式几何图形检查器的结果	
	（1）在交互式几何错误纠正窗口的右下角，选择根据属性值合并实体时要使用的字段 ID_PPE；单击 以 Fix selected errors using default resolution。 （2）在弹出的询问是否要更正已识别的错误总数窗口中单击 Yes。 （3）在 Summary 窗口，从上到下打开： 　　a. 修复错误及其编号； 　　b. 未修复的错误及其编号； 　　c. 新发现的错误和错误编号； 　　d. 进行了更正过时的错误。

续表

步骤	QGIS 操作
	（4）在 Summary 窗口中单击 Close，然后通过单击从列表中选择新实体。 （5）如果校正成功，分析的实体显示为绿色；如果校正失败，则分析的实体显示为红色。
3. 分析交互式几何图形检查器的结果	（6）重新启动新检测到和选定实体上的自动校正功能，直到摘要窗口不再指示新错误。 （7）选择自动校正失败的实体，然后单击 修复错误，选择要使用的校正方法类型，并测试几何校正的替代方法。 （8）由于校正会导致矢量图层的修改，并且几何图形可能与先前指定的几何图形规则不一致，因此几何检查可以多次启动。

注：该表格的彩色图参见 www.iste.co.uk/baghdadi/qgis3.zip，2020.10.16

为确保多边形图层得到完全改正，可以使用 GRASS 工具箱的清理工具改正几何检查插件处理后的残余误差。下面利用 GRASS 清理功能中去除小多边形的特定功能，删除小于 1hm^2 的多边形，见表 6.9。

表 6.9　使用 GRASS 删除小的多边形

步骤	QGIS 操作
1. 使用 GRASS v.clean 函数	在 Processing Toolbox 中： （1）单击 GRASS Commands → Vector → v.clean。 （2）选择要清理的图层 DAVAR_PPE_NC_SELECTION_DISSOLVE.shp。 （3）从下拉列表 Cleaning tool 中，可以在几个整理和几何校正选项（角度校正、捕捉、删除小多边形等）之间进行选择。选择删除较小多边形的 rmarea 选项。 （4）将 Threshold 设置为 10000。rmarea 函数将删除所有小于 1hm^2 的多边形。它们将合并到共享最长边框且已删除多边形的相邻多边形。 （5）选项 GRASS region extent 保留默认值，以处理输入中的所有数据。 （6）将整理后的图层另存为 DAVAR_PPE_NC_SELECTION_SIMPLIFIE.shp。 （7）保留错误输出文件的默认值（保存到临时文件），然后取消勾选 Open output file after running algorithm 选项。 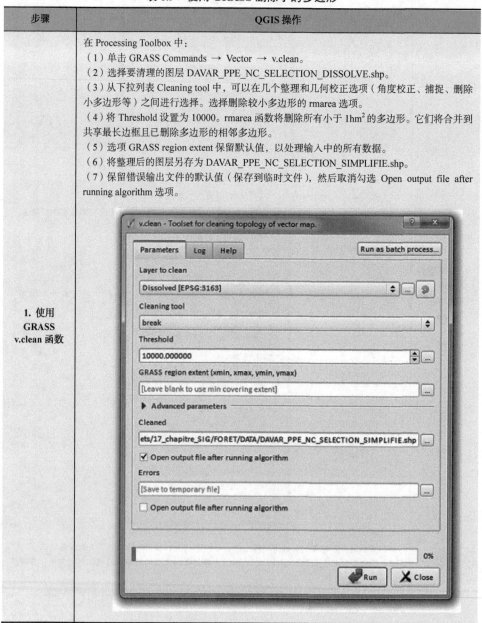

续表

步骤	QGIS 操作
2. 目视检查	打开新创建的清理文件，并检查多边形是否有明显的几何缺陷。 原始 PPE 多边形如下： 合并和整理后的 PPE 多边形如下： 

注：该表格的彩色图参见 www.iste.co.uk/baghdadi/qgis3.zip, 2020.10.16

6.3.3   确定侵蚀危害参数

通过分析每个 PPE 周边侵蚀类别的分布确定"侵蚀危害"参数。

6.3.3.1   根据 RUSLE 估算创建侵蚀危害掩膜

确定侵蚀危害类别包含了四个二值掩膜的创建，每个掩膜对应于 RUSLE 公式中特定的土壤流失估算间隔。阈值在 6.2.1.1 节中定义。

侵蚀危害掩膜创建如表 6.10 所示。

表 **6.10** 侵蚀危害掩膜创建

步骤	QGIS 操作
1. 打开根据 **RUSLE** 公式估计的土壤流失图层	在 QGIS 中： 打开 RUSLE 土壤流失估计值栅格图层：pertes_en_sol_A.tif。
2. 创建二值掩膜"低度侵蚀危害"	在菜单栏中： 单击 Raster → Raster calculator… 在 Raster calculator 中： 输入以下表达式： "pertes_en_sol_A @ 1"<2 将输出图层保存为 alea_erosif_faible.tif。 结果为二值栅格（0 和 1 值），其中值 1 对应于小于 2 t/(hm$^2 \cdot$a) 的土壤流失估计。

步骤	QGIS 操作
3. 创建二值掩膜 "中度侵蚀危害" "高度侵蚀危害" "极高度侵蚀危害"	在 Raster calculator 中： 输入以下表达式： "pertes_en_sol_A@1" >= 2 AND "pertes_en_sol_A@1" < 23.3 将输出图层另存为 alea_erosif_modere.tif 在 Raster calculator 中： 输入以下表达式： "pertes_en_sol_A@1" >= 23.3 AND "pertes_en_sol_A@1" < 102.1 将输出图层另存为 alea_erosif_forte.tif 在 Raster calculator 中： 输入以下表达式： "pertes_en_sol_A@1" >= 102.1 将输出图层另存为 alea_erosif_extreme.tif 在此步骤结束时，根据土壤流失估计值将创建四个栅格文件，分别对应于每种侵蚀危害强度。

6.3.3.2 PPE 多边形中的侵蚀危害掩膜的区域统计

通过每个二值掩膜和 PPE 矢量图层之间的区域统计，可估算每个 PPE 多边形中每个侵蚀危害类别的百分比。实际上，二值掩膜像素值可能为 0（不存在）和 1（存在），其平均值等效于每个多边形的掩膜值百分比。

侵蚀危害区域统计计算如表 6.11 所示。

表 6.11　侵蚀危害区域统计计算

步骤	QGIS 操作
1. 打开侵蚀危害二值掩膜	在 QGIS 中： （1）打开先前创建的二值掩膜： 　　a. alea_erosif_faible.tif； 　　b. alea_erosif_modere.tif； 　　c. alea_erosif_fort.tif； 　　d. alea_erosif_extreme.tif。 （2）打开 PPE 矢量图层：DAVAR_PPE_NC_SELECTION_SIMPLIFIE.shp。

步骤	QGIS 操作
2. 区域统计计算	在菜单栏中： （1）转到 Raster → Zonal Statistics → Zonal Statistics； （2）选择栅格图层 alea_erosif_faible.tif； （3）验证所选波段是否为波段 1； （4）选择 DAVAR_PPE_NC_SELECTION_SIMPLIFIE 作为包含区域的多边形图层； （5）输入 EFA 作为输出列前缀。区域统计量的计算会在矢量属性表中创建新字段前缀的选择必须足够清楚以快速了解该字段的内容，并且具有独特性，可以避免覆盖现有字段； （6）选择 Mean 作为 Statistics to calculate。 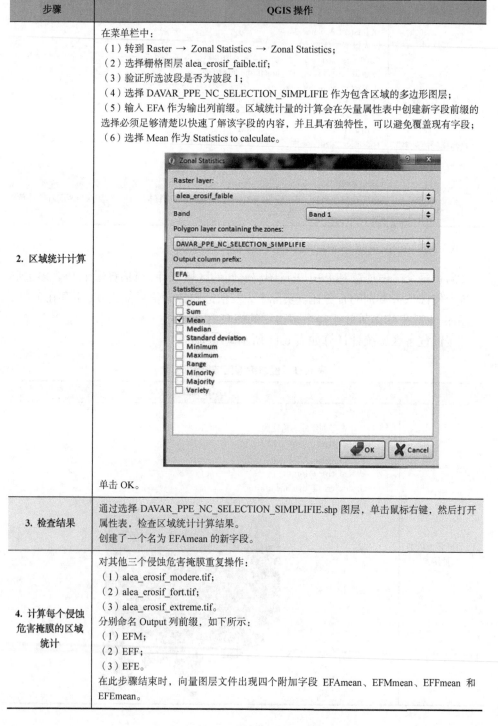 单击 OK。
3. 检查结果	通过选择 DAVAR_PPE_NC_SELECTION_SIMPLIFIE.shp 图层，单击鼠标右键，然后打开属性表，检查区域统计计算结果。 创建了一个名为 EFAmean 的新字段。
4. 计算每个侵蚀危害掩膜的区域统计	对其他三个侵蚀危害掩膜重复操作： （1）alea_erosif_modere.tif； （2）alea_erosif_fort.tif； （3）alea_erosif_extreme.tif。 分别命名 Output 列前缀，如下所示： （1）EFM； （2）EFF； （3）EFE。 在此步骤结束时，向量图层文件出现四个附加字段 EFAmean、EFMmean、EFFmean 和 EFEmean。

步骤	QGIS 操作
4. 计算每个侵蚀危害掩膜的区域统计	 | EFAmean	EFMmean	EFFmean	EFEmean
---	---	---	---
0.2229755486...	0.0812775690...	0.0258127756...	0.6699341066...
0.3493592878...	0.5837816687...	0.0043040203...	0.0625550229...
0.3644859813...	0.4314641744...	0.0031152647...	0.2009345794...
0.4034821605...	0.3157969116...	0.0082060655...	0.2725148623...
0.4185260311	0.2816091954	0.0144241604	0.2854406130	 为检查矢量图层计算的有效性，可在一个临时字段中汇总四个新字段。每行的总和必须等于 1。

6.3.3.3 确定 PPE 侵蚀危害

这一步应用建立的决策规则，根据每种侵蚀危害类别的百分比对每个 PPE 进行分类。通过从上一步中计算出的四个字段计算新属性执行此处理。

为便于后续处理，将 PPE 侵蚀危害编码为不连续整数（表 6.12），其值如下：

（1）1：低度到中度侵蚀危害；

（2）2：中度到高度侵蚀危害；

（3）3：高度到极高度侵蚀危害。

表 6.12 估计每个 PPE 的侵蚀危害

步骤	QGIS 操作

更新属性表	打开图层 DAVAR_PPE_NC_SELECTION_SIMPLIFIE.shp 的属性表。
	单击🗒打开 field calculator。
	在 Field calculator 中：
	（1）选择 Create a new field；
	（2）输入 Output field name：A_EROSIO；
	（3）选择 Output field Type 为：整数；
	（4）指定 Output field length = 10；
	（5）在 Expression tab 中输入以下条件：
	`CASE WHEN (`
	`("EFEmean">0.5) OR`
	`("EFEmean">0.18 AND "EFFmean">0.48) OR`
	`("EFEmean">0.18 AND "EFFmean"+"EFMmean">0.29) OR ("EFEmean"+"EFFmean"+"`
	`EFMmean">"EFAmean" AND "EFEmean">"EFFmean"+"EFMmean") OR ("EFEmean"+`
	`"EFFmean"+"EFMmean">0.79 AND "EFMmean"<"EFFmean"+"EFEmean") OR`
	`("EFEmean">0.18 AND "EFFmean">0 AND "EFFmean"+"EFMmean">0.29)`
	`) THEN 1`
	`WHEN (`
	`("EFEmean">0.18 AND "EFFmean">0 AND "EFFmean"+"EFMmean"<0.29) OR`
	`("EFEmean">0 AND "EFEmean"<=0.18 AND "EFAmean"<0.22) OR ("EFFmean">0.48`
	`AND "EFEmean">0 AND "EFEmean"<=0.18) OR ("EFEmean"+"EFFmean"+ "EFMmean">`
	`"EFAmean" AND "EFEmean"<"EFFmean"+"EFMmean")`
	`) THEN 2`

步骤	QGIS 操作
更新属性表	WHEN (("EFAmean">0.22 AND "EFEmean"+"EFFmean"<0.2) OR ("EFEmean"+"EFFmean"+ "EFMmean"<"EFAmean")) THEN 3 　ELSE 0 　END （6）单击 OK。 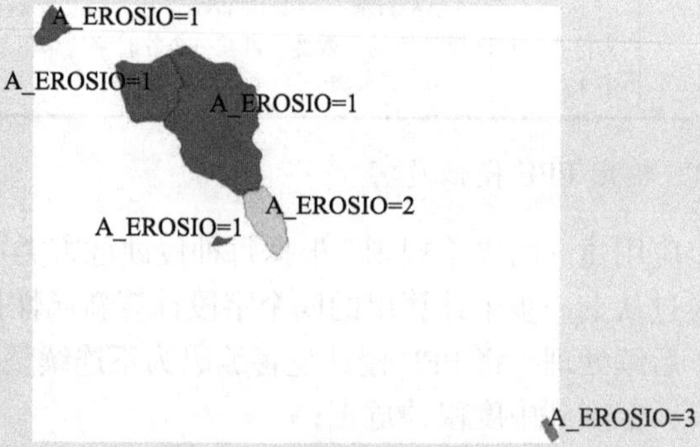 此步骤结束时，字段 A_EROSIO 对应于侵蚀危害参数，并将每个 PPE 限定为：3 为低度至中度侵蚀危害，2 为中度至高度侵蚀危害，1 为高度到极高度侵蚀危害。

注：该表格的彩色图参见 www.iste.co.uk/baghdadi/qgis3.zip, 2020.10.16

6.3.4　确定优势植被类型参数

采用与计算侵蚀危害参数相同的方法，从土地覆盖数据库中提取优势植被类型参数：

（1）创建与大型植被类型相对应的三个栅格掩膜；

（2）计算 PPE 多边形中每个类别的百分比；

（3）计算一个新字段，通过应用 6.2.2.2 节中定义的决策规则，将每个 PPE 划分为其优势植被类型。

6.3.4.1　聚合土地覆盖类别为大型植被类型

土地覆盖数据库涵盖了新喀里多尼亚整个区域。为优化处理时间，第一步是将土地覆盖数据库裁剪到感兴趣的区域。为此可以根据 RUSLE 侵蚀模型图层区域裁剪土地覆盖数据库，见表 6.13。

表 6.13 根据研究区域的范围裁剪土地覆盖图

步骤	QGIS 操作
1. 验证输入文件	在 QGIS 中： （1）打开矢量图层：ooccupation_sol_2008_spot5_objet.shp； （2）打开栅格图层：opertes_en_sol_A.tif。

2. 裁剪土地覆盖矢量文件	在菜单栏中：
	转到 Processing → Toolbox。
	将打开 QGIS 处理工具箱。
	在 QGIS geoalgorithms 中：
	（1）选择 GDAL/OGR → Geoprocessing → Clip vector by extent。
	（2）选择输入图层：occupation_sol_2008_spot5_objet.shp。
	（3）对于参数 Clip extent：
	    a. 选择 use layer/canvas extent；
	    b. 选择图层范围：pertes_en_sol_A.tif。
	（4）将其他创建选项保留为空白：
	将裁剪后的文件另存为：occupation_sol_2008_spot5_objet_decoupe.shp。
	处理过程可能需要几分钟，也可能会弹出一个窗口以指示不同的 SCR$_S$。
	
	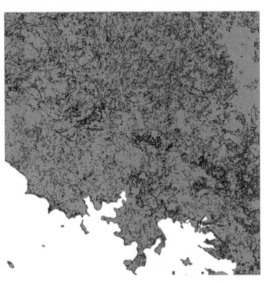
	
	结果是在 RUSLE 侵蚀模型的栅格边界上裁剪的土地覆盖 shapefile 文件。属性表中，CLASS 字段包含不同类别信息。因此在检查几何有效性前，需创建一个相同的列并将其删除。

　　在裁剪后的土地覆盖图层中创建一个新字段，以根据其所属的大型植被类型对土地覆盖类别进行分组，是为了方便将这个新属性编码为实数。

　　大型植被类别网格编码及其对应的土地覆盖类别见表 6.14，更新土地覆盖图的属性表见表 6.15。

表 6.14　大型植被类别网格编码及其对应的土地覆盖类别

土地利用数据库	大型植被类别	网格编码
超基性土壤上的森林	森林	1
火山和沉积土壤上的森林		
火山和沉积土壤上的灌木丛	灌木和草木植被	2
稀疏草原		
密集马基斯群落		
草本马基斯群落		
火山和沉积土壤上的稀疏植被	裸土和稀疏植被	3
火山或沉积裸土		
基本土壤上的稀疏植被		
超基性裸土		
市区	未重分类	4
地形和云阴影		
水体		
海洋		
稀疏的红树林		
密集的红树林		
云层		
盐渍裸土		

表 6.15　更新土地覆盖图的属性表

步骤	QGIS 操作
更新属性表	打开图层 occupation_sol_2008_spot5_objet_decoupe.shp 的属性表。 单击打开字段计算器。 在 Field calculator 中： （1）选择 Create a new field； （2）输入 Output field name：GT_VEG； （3）选择 Output field type：小数（实数）； （4）输入 Output field length：12； （5）输入 Precision：6（小数点后的位数）； （6）在 Expression tab，输入以下条件： CASE WHEN ("CLASSE"='Forêt sur substrat ultramafigue'OR "CLASSE"='Forêt sur substrat volcano-sédimentaire'THEN 1

续表

步骤	QGIS 操作

更新属性表	WHEN ("CLASSE"='Maquis dense paraforestier'OR "CLASSE"='Végétation arbustive sur substrat volcano-sédimentaire'OR "CLASSE"='Savane'OR"CLASSE"='Maquis ligno-herbacé'THEN 2
	WHEN ("CLASSE"='Sol nu sur substrat ultramafique'OR"CLASSE"='Sol nu sur substrat volcano- sédimentaire'OR "CLASSE"='Végétation éparse sur substrat ultramafique'OR"CLASSE"= 'Végétation éparse sur substrat volcano-sédimentaire'THEN 3
	    Else 0
	    End
	（7）单击 OK。
	
	裁剪后的土地覆盖图层有一个新字段，值在 0~3 之间：
	（1）0：无植被；
	（2）1：森林；
	（3）2：灌木和草本植被；
	（4）3：裸土和稀疏植被。

注：该表格的彩色图参见 www.iste.co.uk/baghdadi/qgis3.zip, 2020.10.16

然后根据新创建的字段对土地覆盖图进行栅格化，见表 6.16。

表 6.16 土地覆盖矢量文件的栅格化

步骤	QGIS 操作
1. 验证输入	在 QGIS 中： 打开文件：occupation_sol_2008_spot5_objet_decoupe.shp。 打开属性表（选择文件，右键单击打开属性表），并验证字段 GT_VEG 包含从 0 到 3 的实数。
2. 栅格化矢量文件	在菜单栏中： （1）转到 Raster → Conversion → Rasterize (vector to raster)… （2）选择输入 shapefile：occupation_sol_2008_spot5_objet_decoupe.shp。

步骤	QGIS 操作
2. 栅格化矢量文件	（3）选择字段 GT_VEG 作为 Attribute field。 （4）将栅格化后的矢量输出文件另存为 grands_types_vegetation.tif，然后单击 OK。 （5）此时会弹出一个窗口，指示输出文件不存在，必须设置文件大小或分辨率才能创建它，单击 OK。 （6）选择分辨率单选按钮，以地图单位表示，并在水平和垂直方向上指定为 10。 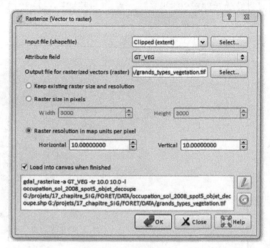 （7）单击 OK。 （8）在图层属性窗口的"元数据"选项卡 中，检查所创建栅格的最小值和最大值，分别为 0 和 3。 结果是一个栅格文件，值的范围从 0～3。 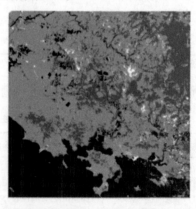

6.3.4.2 大型植被类型的掩膜

从大型植被类型的栅格文件中，为每种大型植被类型创建了 3 个二值掩膜（0：不存在；1：存在），见表 6.17。

表 6.17 创建大型植被类型的二值掩膜

步骤	QGIS 操作
1. 创建森林二值掩膜	打开先前创建的文件 grands_types_vegetation.tif。 在菜单栏中： 转到 Raster → Raster calculator… 在 Raster calculator…中： 输入以下表达式： `"grands_types_vegetation@1" = 1` 将输出图层另存为 forets.tif。 结果是二值图层（0 和 1），其中值 1 对应森林。

2. 为 "灌木丛和草本植被" 和 "裸土和稀疏植被"创建二值掩膜	在 Raster calculator 中：
	输入以下表达式：
	`"grands_types_vegetation@1" = 2`
	将输出图层另存为 vegetation_abrustive.tif。
	在 Raster calculator 中：
	输入以下表达式：
	`"grands_types_vegetation@1" = 3`
	将输出图层另存为 vegetation _eparse.tif。
	此步骤结束时，将为每个大型植被类型创建三个栅格掩膜。

6.3.4.3 PPE 多边形中大型植被类型掩膜的区域统计

通过每个二值掩膜和 PPE 矢量图层之间的区域统计估计每个 PPE 多边形中每种大型植被类别的百分比。实际上，二值掩膜像素值可能为 0（不存在）和 1（存在），其均值等于每个多边形掩膜值百分比的计算值，见表 6.18。

表 6.18　计算每种大型植被类型的区域统计数据

步骤	QGIS 操作
1. 打开大型植被类型的掩膜和 PPE 矢量文件	在 QGIS 中： （1）打开先前创建的二值掩膜： 　　a. forets.tif； 　　b. vegetation_abrustive.tif； 　　c. vegetation_eparse.tif。 （2）打开 PPE 矢量文件：DAVAR_PPE_NC_SELECTION_SIMPLIFIE.shp。
2. 区域统计	在菜单栏中： （1）转到 Raster → Zonal Statistics → Zonal Statistics。 （2）选择栅格图层 forets.tif。 （3）验证所选波段是否为波段 1。 （4）选择 DAVAR_PPE_NC_SELECTION_SIMPLIFIE 作为包含区域的多边形图层。 （5）输入 GTV_FO 作为输出列前缀。区域统计量的计算在将矢量属性表中创建新字段。前缀的选择必须足够清楚，以快速了解该字段的内容，并且必须唯一以避免覆盖现有字段。 （6）选择 Mean 作为 Statistics to calculate： （7）单击 OK。
3. 区域统计检查	通过选择图层 DAVAR_PPE_NC_SELECTION_SIMPLIFIE.shp，右键单击并打开属性表，检查分区统计信息的计算结果。 创建了一个名为 GTV_Fomean 的新字段。

步骤	QGIS 操作
4. 计算每种大型植被类型掩膜的区域统计信息	分别对其他两种大型植被类型的掩膜： vegetation_abrustive.tif； vegetation_eparse.tif。 重复前面的操作。分别命名为 Output 列前缀为 GTV_AB 和 GTV_EP。 在此步骤结束时，矢量图层文件有三个附加字段：GTV_FOmean、GTV_ABmean 和 GTV_Epmean。

GTV_FOmean	GTV_ABmean	GTV_EPmean
0.2749455337...	0.1603485838...	0.1311546840...
0.7149496514...	0.2850503485...	0
0.7199178243...	0.2725004891...	0.0007826257...

6.3.4.4 确定每个 PPE 中的优势植被

这一步是应用已建立的决策规则，根据每种大型植被类型的百分比对每个 PPE 进行分类。通过从上一步计算的三个字段计算新属性执行此处理。

为便于后续处理，将 PPE 优势植被编码为不连续整数，其值如下：

（1）1：森林；

（2）2：灌木丛和草本植被；

（3）3：裸土和稀疏植被。

确定每个 PPE 的优势植被见表 6.19。

表 6.19 确定每个 PPE 的优势植被

步骤	QGIS 操作

更新属性表	打开 DAVAR_PPE_NC_SELECTION_SIMPLIFIE.shp 图层的属性表。
	单击🔲打开字段计算器。
	在 Field calculator 中：
	（1）选择 Create a new field；
	（2）输入 Output field name：T_PAYSAG；
	（3）选择 Output field Type 为：整数（整数）；
	（4）指定 Output field length = 10；
	（5）在 Expression tab 中输入以下条件：
	<pre>CASE WHEN(
	("GTV_FOmean" > 0.59) OR ("GTV_ABmean"> 0.33 AND "GTV_FOmean" <=
	0.59 AND "GTV_EPmean"<=0.11)) THEN 1
	WHEN (
	"GTV_FOmean"<=0.59 AND "GTV_EPmean">0.11 AND "GTV_EPmean"<0.36)
	THEN 2
	WHEN (
	"GTV_FOmean"<0.59 AND "GTV_EPmean">0.36) THEN 3
	ELSE 0
	END</pre>（6）单击 OK。

步骤	QGIS 操作
更新属性表	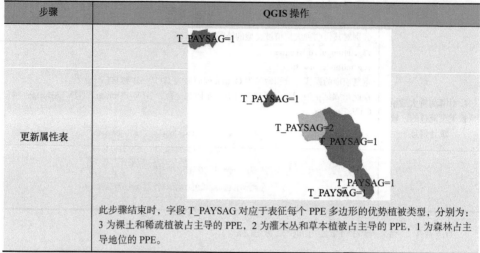 此步骤结束时，字段 T_PAYSAG 对应于表征每个 PPE 多边形的优势植被类型，分别为：3 为裸土和稀疏植被被占主导的 PPE，2 为灌木丛和草本植被被占主导的 PPE，1 为森林占主导地位的 PPE。

注：该表格的彩色图参见 www.iste.co.uk/baghdadi/qgis3.zip, 2020.10.16

6.3.5 森林破碎度参数

确定每个 PPE 森林破碎度涉及森林多边形与 PPE 多边形的选择和交集运算。

每个森林的各个参数（周长、面积）通过多边形计算。通过分组统计信息，可以根据每个 PPE 的属性估计两个破碎度指数。

通过应用 6.2.4.4 节中建立的决策规则估计每个 PPE 破碎度参数。

6.3.5.1 森林矢量图层与 PPE 多边形的交集运算

这一步是将大型植被类型矢量文件中和森林对应的多边形与 PPE 多边形进行交集运算，见表 6.20。

表 6.20 在 PPE 中裁剪森林图层

步骤	QGIS 操作
1. 打开矢量文件	在 QGIS 中： 打开文件： （1）occupation_sol_2008_spot5_objet_decoupe.shp； （2）DAVAR_PPE_NC_SELECTION_SIMPLIFIE.shp。
2. 选择"森林"多边形并创建一个新矢量文件	打开文件的属性表： occupation_sol_2008_spot5_objet_decoupe.shp。 在 attribute table 中： 通过单击 ，选择提到的 CLASSE =居住区域的所有多边形。 在 Expression 字段中，输入条件："GT_VEG" = 1。 单击 Select 选择图层：occupation _sol_2008_spot5_objet_decoupe.shp。

步骤	QGIS 操作
2. 选择"森林"多边形并创建一个新矢量文件	并单击右键，Save as… （1）将输出文件命名为 forets.shp； （2）选择选项 Save only selected features； （3）单击 OK。  结果是仅包含"森林"多边形的矢量图层。 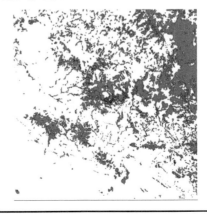

续表

步骤	QGIS 操作
3. "森林"多边形和 PPE 多边形相交	在 QGIS Geoalgorithms 中： （1）转到 Vector overlay tools → Intersection； （2）选择 DAVAR_PPE_NC_SELECTION_SIMPLIFIE.shp 作为输入文件； （3）选择 forets.shp 作为交集图层； （4）保存输出文件（Intersection）为 forets_ppe_simplifie.shp。 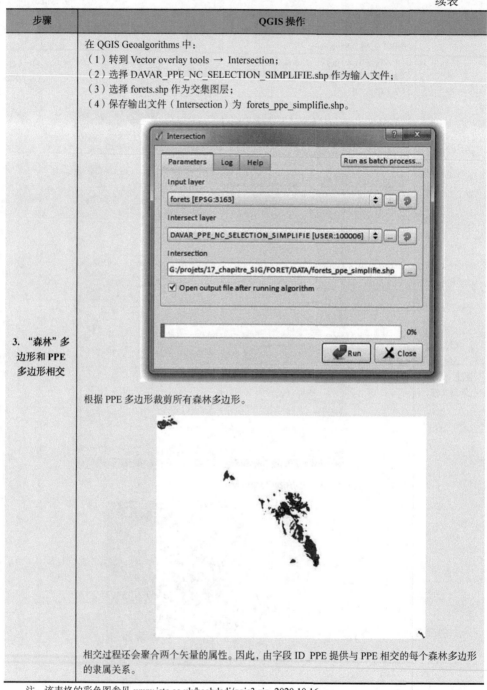 根据 PPE 多边形裁剪所有森林多边形。 相交过程还会聚合两个矢量的属性。因此，由字段 ID PPE 提供与 PPE 相交的每个森林多边形的隶属关系。

注：该表格的彩色图参见 www.iste.co.uk/baghdadi/qgis3.zip, 2020.10.16

6.3.5.2　计算森林破碎度指数

所选破碎度指数[形状和多样性，式(6.1)和式(6.2)]的计算基于多边形的几何参数面积和周长。

森林多边形周长和面积的计算见表6.21。

表6.21　森林多边形周长和面积的计算

步骤	QGIS操作
1. 计算周长	打开文件的属性表： forets_ppe_simplifie.shp。 单击 📊 打开字段计算器。 在 Field calculator 中： （1）选择 Create a new field； （2）输入 Output field name：perim； （3）选择 Output field type：小数（实数）； （4）输入 Output field length = 12； （5）并输入 Precision = 6（小数点后的位数）； （6）在 Expression tab 中，输入以下条件：$perimeter； （7）单击 OK。
2. 计算面积	在字段计算器中： （1）选择创建新字段； （2）输入输出字段名称：area； （3）选择输出字段类型：小数（实数）； （4）输入输出字段长度= 12； （5）然后输入精度= 6（小数点后的位数）， 在 Expression tab 中，输入以下条件：$area； （6）单击 OK。
3. 简化属性表	为简化矢量文件的属性表，删除该图层中不必要的字段。 打开矢量文件的属性表：forets_ppe_simplifie.shp。 （1）单击 📊 删除字段。 （2）仅保留此矢量文件的 ID_PPE、perim 和 area 字段。要删除其他字段，通过突出显示它们以便在字段列表中选择它们：

续表

步骤	QGIS 操作
3. 简化属性表	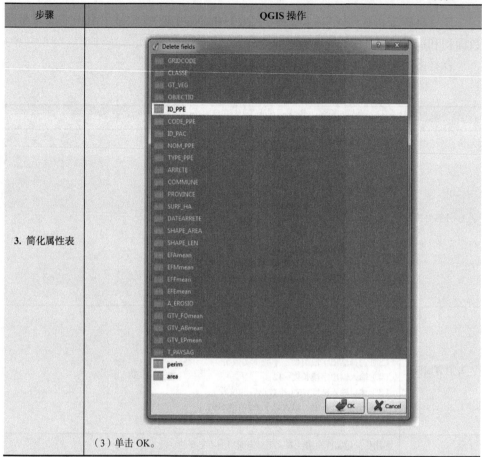 （3）单击 OK。

根据该文件，使用分组统计插件 Group Stats 进行 PPE 面积和周长平方的求和。用 PPE 计算分组统计信息见表 6.22。

表 6.22　用 PPE 计算分组统计信息

步骤	QGIS 操作
1. 打开插件 **Group Stats**	在菜单栏中： 单击 Vector → Group Stats → Group Stats。
2. 计算分组统计	在窗口右侧的 Control panel 中： 在 Layer 字段中，选择图层 forets_ppe_simplifie.shp。 选择 ID_PPE 并将其拖放到 control panel 左下方的 Rows 中。 选择 perim 并将其拖放到 control panel 右下角的 Value 中。

续表

步骤	QGIS 操作
2. 计算分组 统计	选择 ▦ Sum 的 perim2 并将其拖放到 control panel 左下角 Value 中。 单击计算。 在窗口左侧，有一个表格显示每个 PPE 的周长总和。 在"分组统计"的菜单栏中，选择 Data → Save All to CSV File··· 将文件另存为 somme_perim.csv。 用相同步骤将计算由 ID_PPE 分组面积的总和，并将结果表格另存为 somme_area.csv。 关闭分组统计插件。

为计算多样性指数，必须为"森林"类 j 的每个多边形 i 计算分量 D_{ij}：

$$D_{ij} = -\frac{a_{ij}}{\sum\limits_{i=1}^{n_j} a_{ij}} \ln \frac{a_{ij}}{\sum\limits_{i=1}^{n_j} a_{ij}} \tag{6.3}$$

根据式（6.1），每个 PPE 的多样性指数变为

$$H_j(a) = \sum_{i=1}^{n_j} D_{ij} \tag{6.4}$$

使用其公共字段 ID_PPE 将先前创建的面积总和表连接到文件 forets_ppe_simplifie.shp，以便继续计算破碎度指数。

D 分量计算见表 6.23。

表 6.23　D 分量计算

步骤	QGIS 操作
1. 在 QGIS 中 打开表格图层	在 QGIS 中，通过单击 ▦ 打开表格： （1）选择 *.* 文件类型作为输入文件； （2）打开文件 somme_aire.csv； （3）导入窗口自动显示导入设置； （4）将图层名称修改为 somme_aire； （5）更改属性类型 ID_PPE 为整数； （6）将属性 none 更改为 real； （7）单击 OK；

步骤	QGIS 操作
1. 在 QGIS 中打开表格图层	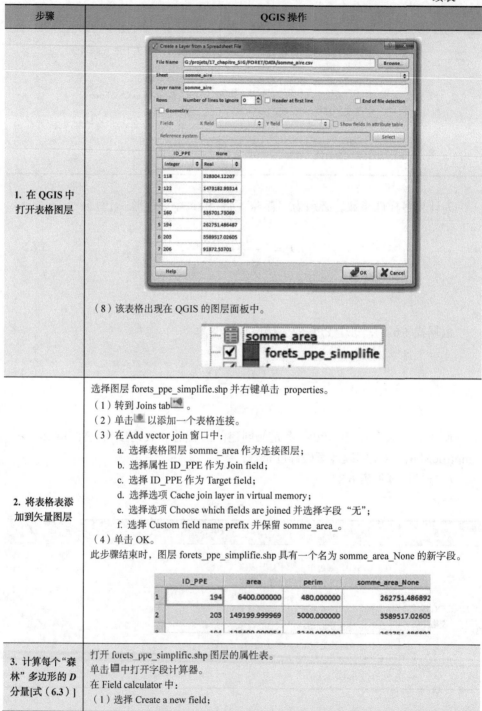
	（8）该表格出现在 QGIS 的图层面板中。

2. 将表格表添加到矢量图层	选择图层 forets_ppe_simplifie.shp 并右键单击 properties。
	（1）转到 Joins tab 。
	（2）单击 以添加一个表格连接。
	（3）在 Add vector join 窗口中：
	    a. 选择表格图层 somme_area 作为连接图层；
	    b. 选择属性 ID_PPE 作为 Join field；
	    c. 选择 ID_PPE 作为 Target field；
	    d. 选择选项 Cache join layer in virtual memory；
	    e. 选择选项 Choose which fields are joined 并选择字段 "无"；
	    f. 选择 Custom field name prefix 并保留 somme_area_。
	（4）单击 OK。
	此步骤结束时，图层 forets_ppe_simplifie.shp 具有一个名为 somme_area_None 的新字段。

3. 计算每个 "森林" 多边形的 D 分量[式（6.3）]	打开 forets_ppe_simplific.shp 图层的属性表。 单击 中打开字段计算器。 在 Field calculator 中： （1）选择 Create a new field；

续表

步骤	QGIS 操作
3. 计算每个"森林"多边形的 D 分量[式（6.3）]	（2）输入 Output field name：D； （3）选择 Output field type：小数（实数）； （4）输入 Output field length = 12； （5）并输入 Precision = 6（小数点后的位数）； （6）在 Expression tab 中，输入以下条件： ("area" / "somme_area_None")* ln ("area" /"somme_area_None") （7）单击 OK。

多样性指数是根据式（6.4）对每个 PPE 的 D 分量之和。该计算是使用 Group Stats 插件执行的。

多样性指数计算见表 6.24。

表 6.24　多样性指数计算

步骤	QGIS 操作
1. 打开分组统计插件	在菜单栏中： 单击 Vector → Group Stats → Group Stats。
2. 计算 Group Stats	在右侧的 Control panel 窗口中： （1）在 Layer 字段中，选择图层 forets_ppe_simplifie.shp； （2）选择 ID_PPE 并将其拖放到 control panel 左下角的 Rows 中； （3）选择 n D 并将其拖放到 control panel 右下角的 Value 中； （4）选择 Sum 的 D，然后将其拖放到 control panel 左下部分的 Value 中单击计算； （5）在窗口左侧，表格会显示每个 PPE 的 D 分量之和； （6）在分组统计信息的菜单栏中，选择 Data → Save All to CSV File… （7）文件另存为 nomindice_diversite.csv。 结果是一个 CSV 表格，其中包含每个 PPE（ID_PPE）的多样性指数。多样性指数的范围是 0.04~2.35。 | ID_PPE	| |---|---| | 118 | 0,667209 | | 122 | 0,070431 | | 141 | 0,168543 | | 160 | 0,809199 | | 194 | 1,45977 | | 203 | 2,3555 | | 206 | 0,040689 | 关闭组状态插件。

多样性指数连接到 PPE 矢量图层，见表 6.25。

表 6.25　将多样性指数表格连接到 PPE 的矢量图层

步骤	QGIS 操作
1. 在 QGIS 中打开表格图层	在 QGIS 中，通过单击█打开表格。 （1）选择*.*文件类型作为输入文件； （2）打开文件 somme_area.csv； （3）导入窗口自动显示导入设置； （4）将图层名称修改为 somme_aire； （5）更改属性类型 ID_PPE 为整数； （6）将属性 none 更改为 real； （7）单击 OK； 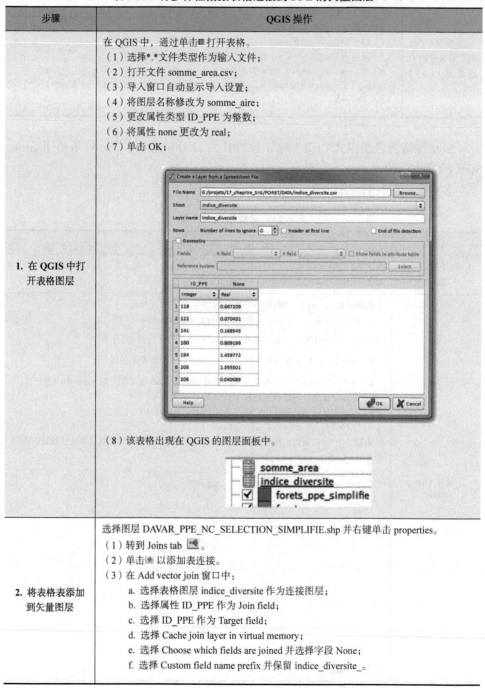 （8）该表格出现在 QGIS 的图层面板中。
2. 将表格表添加到矢量图层	选择图层 DAVAR_PPE_NC_SELECTION_SIMPLIFIE.shp 并右键单击 properties。 （1）转到 Joins tab ◄。 （2）单击▣ 以添加表连接。 （3）在 Add vector join 窗口中： 　　a. 选择表格图层 indice_diversite 作为连接图层； 　　b. 选择属性 ID_PPE 作为 Join field； 　　c. 选择 ID_PPE 作为 Target field； 　　d. 选择 Cache join layer in virtual memory； 　　e. 选择 Choose which fields are joined 并选择字段 None； 　　f. 选择 Custom field name prefix 并保留 indice_diversite_。

续表

步骤	QGIS 操作
2. 将表格表添加到矢量图层	（4）单击 OK。 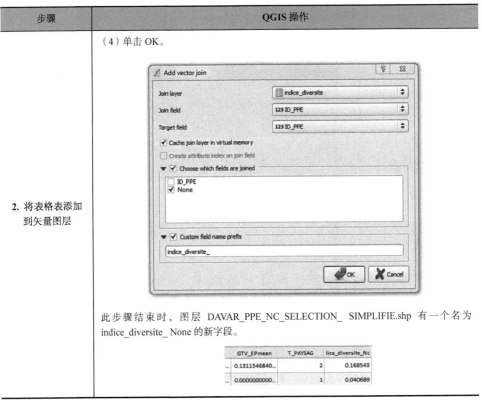 此步骤结束时，图层 DAVAR_PPE_NC_SELECTION_ SIMPLIFIE.shp 有一个名为 indice_diversite_ None 的新字段。 GTV_EPmean ／ T_PAYSAG ／ lice_diversite_Nc 0.1311546840... ／ 2 ／ 0.168543 0.0000000000... ／ 1 ／ 0.040689

根据式（6.2），每个 PPE 的形状指数是森林地块周长平方之和与森林地块面积之和的比值。因此它直接在 PPE 矢量图层中，根据字段平方周长和字段面积之和的连接进行计算。

形状指数计算见表 6.26。

表 6.26 形状指数计算

步骤	QGIS 操作
1. 在 QGIS 中打开表格图层	在 QGIS 中，单击 ⊞ 打开表格： （1）选择 *.* 文件类型作为输入文件； （2）打开文件 somme_perim.csv； （3）导入窗口自动显示导入设置； （4）修改图层名称为 somme_perim； （5）将属性类型 ID_PPE 更改为 Integer； （6）将属性由 none 更改为 real； （7）单击 OK；

续表

步骤	QGIS 操作
1. 在 QGIS 中打开表格图层	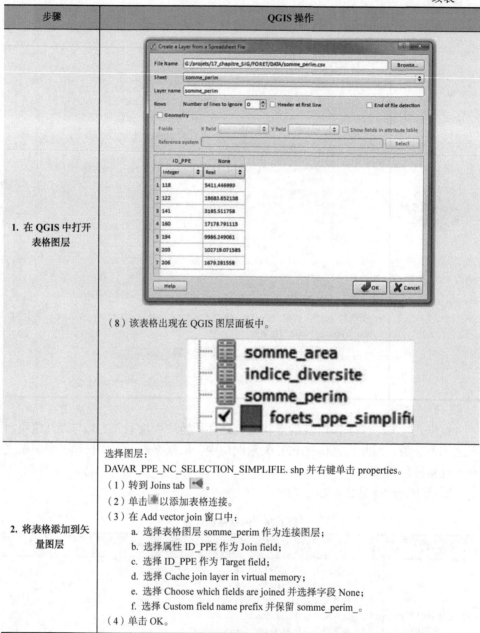 （8）该表格出现在 QGIS 图层面板中。
2. 将表格添加到矢量图层	选择图层： DAVAR_PPE_NC_SELECTION_SIMPLIFIE. shp 并右键单击 properties。 （1）转到 Joins tab 。 （2）单击 以添加表格连接。 （3）在 Add vector join 窗口中： a. 选择表格图层 somme_perim 作为连接图层； b. 选择属性 ID_PPE 作为 Join field； c. 选择 ID_PPE 作为 Target field； d. 选择 Cache join layer in virtual memory； e. 选择 Choose which fields are joined 并选择字段 None； f. 选择 Custom field name prefix 并保留 somme_perim_。 （4）单击 OK。

步骤	QGIS 操作
2. 将表格添加到矢量图层	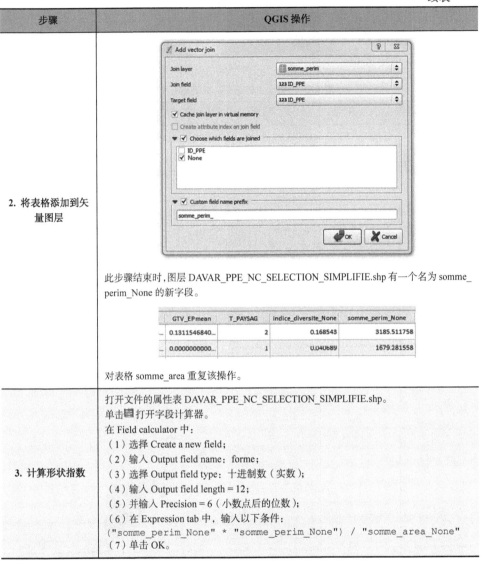 此步骤结束时，图层 DAVAR_PPE_NC_SELECTION_SIMPLIFIE.shp 有一个名为 somme_perim_None 的新字段。 表格见下： | GTV_EPmean | T_PAYSAG | indice_diversite_None | somme_perim_None | | 0.1311546840... | 2 | 0.168543 | 3185.511758 | | 0.0000000000... | 1 | 0.040689 | 1679.281558 | 对表格 somme_area 重复该操作。
3. 计算形状指数	打开文件的属性表 DAVAR_PPE_NC_SELECTION_SIMPLIFIE.shp。 单击 打开字段计算器。 在 Field calculator 中： （1）选择 Create a new field； （2）输入 Output field name：forme； （3）选择 Output field type：十进制数（实数）； （4）输入 Output field length = 12； （5）并输入 Precision = 6（小数点后的位数）； （6）在 Expression tab 中，输入以下条件： `("somme_perim_None" * "somme_perim_None") / "somme_area_None"` （7）单击 OK。

最后一步计算每个 PPE 的多样性指数（字段 indice_diversite_None）和形状指数（字段 forme）。

6.3.5.3 每个 PPE 的森林破碎度估计

这一步是应用已建立的决策规则，根据为每个破碎度指数定义的阈值，对每个 PPE 进行分类（表 6.27）。通过上一步计算出的两个字段中计算新属性执行此处理。为便于后续处理，将 PPE 森林破碎度编码为不连续整数，其值如下：

　　1：高度到极高度森林破碎度；

　　2：中度至高度森林破碎度；

　　3：低度至中度森林破碎度。

表 6.27　每个 PPE 的森林破碎度估计

步骤	QGIS 操作

计算森林破碎度参数	打开文件的属性表 DAVAR_PPE_NC_SELECTION_SIMPLIFIE.shp。
	单击打开字段计算器。
	在 Field calculator 中：
	（1）选择 Create a new field；
	（2）输入 Output field name：I_FRAG；
	（3）选择 Output field type：整数（整数）；
	（4）输入 Output field length = 10；
	（5）在 Expression tab 中，输入以下条件：
	`CASE WHEN ("indice_diversite_None" > 1.9 AND "forme" >= 400) THEN 1`
	`WHEN (("indice_diversite_None" > 1.9 AND "forme" < 400) OR ("indice_diversite_None" >= 0.6 AND "indice_diversite_None" <= 1.9 AND "forme" >= 400) OR ("indice_diversite_None" < 0.6 AND "forme" > 2250 ) THEN 2`
	`WHEN (("indice_diversite_None" >= 0.6 AND "indice_diversite_None" <= 1.9 AND "forme" < 400) OR ("indice_diversite_None" < 0.6 AND "forme" <= 2250)) THEN 3`
	`ELSE 0`
	`END`
	（6）单击 OK。
	
	此步骤结束时，字段 I_FRAG 对应于森林破碎度参数，并将每个 PPE 分为三类：3 为 PPE 森林轻微破碎，2 为 PPE 森林中等破碎，1 为 PPE 森林高度/极高程度破碎。

注：该表格的彩色图参见 www.iste.co.uk/baghdadi/qgis3.zip, 2020.10.16

6.3.6　森林功能评估以保护水资源

　　估计森林功能水资源保护状况需要对三个参数进行组合：侵蚀危害、优势植被和森林破碎度。根据先前定义的专家决策树对所有可能的组合进行测试（表 6.28），以确定森林功能状态。

　　此评估分两步进行：

　　第一步，参数连接；

　　第二步，决策树的应用。

表 6.28　森林功能状态评估

步骤	QGIS 操作
1. 连接三个参数：侵蚀危害、优势植被、森林破碎度	连接是创建一个以 ABC 形式将每个参数的值聚合的属性，其中 A 为侵蚀性危害、B 为景观趋势、C 为森林破碎度。 打开文件的属性表 DAVAR_PPE_NC_SELECTION_SIMPLIFIE.shp。 单击 ▦ 打开字段计算器。 在 Field calculator 中： （1）选择 Create a new field； （2）输入 Output field name：CONCAT； （3）选择 Output field type：整数（整数）； （4）输入 Output field length = 10； （5）在 Expression tab 中，输入以下条件： `"A_EROSIO" || "T_PAYSAG" || "I_FRAG"` （6）单击 OK。 CONCAT 323 113 213 112 113 123 111 此步骤结束时，字段 CONCAT 的形式为三位数，每一位数对应一个参数。

2. 评估每个 PPE 的森林功能	通过将专家决策树转换为用串联字段（先前计算）的表达式执行。
	打开文件的属性表 DAVAR_PPE_NC_SELECTION_SIMPLIFIE.shp。
	单击 ▦ 打开字段计算器。
	在 Field calculator 中：
	（1）选择 Create a new field；
	（2）输入 Output field name：FONCTION；
	（3）选择 Output field type：整数（整数）；
	（4）输入 Output field length = 10；
	（5）在 Expression tab 中，输入以下条件：
	`CASE WHEN ( "CONCAT"=331 OR "CONCAT"=332 OR`
	`"CONCAT"=333 OR`
	`"CONCAT"=221 OR`
	`"CONCAT"=232 OR`
	`"CONCAT"=231 OR`
	`"CONCAT"=112 OR`
	`"CONCAT"=111 OR`
	`"CONCAT"=122 OR`
	`"CONCAT"=121 OR`

续表

步骤	QGIS 操作
	``` "CONCAT"=132 OR "CONCAT"=223 OR "CONCAT"=222 OR "CONCAT"=233 OR "CONCAT"=113 OR "CONCAT"=123 OR "CONCAT"=133 OR "CONCAT"=131) THEN 1 WHEN ("CONCAT"=312 OR "CONCAT"=311 OR "CONCAT"=322 OR "CONCAT"=211 OR "CONCAT"=321 OR "CONCAT"=212 OR "CONCAT"=213 OR "CONCAT"=323)THEN 2 WHEN ("CONCAT"=313) THEN 3 ELSE 0 END ``` （6）单击 OK。
2. 评估每个 PPE 的森林 功能	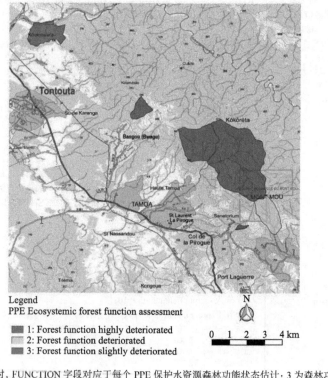 Legend PPE Ecosystemic forest function assessment ■ 1: Forest function highly deteriorated □ 2: Forest function deteriorated ■ 3: Forest function slightly deteriorated 0　1　2　3　4 km 此步骤结束时，FUNCTION 字段对应于每个 PPE 保护水资源森林功能状态估计：3 为森林功能高度恶化的 PPE，2 为森林功能恶化的 PPE，1 为森林功能略有下降的 PPE。

注：该表格的彩色图参见 www.iste.co.uk/baghdadi/qgis3.zip, 2020.10.16

6.4 参考文献

[AND16] ANDREOLI R., CIESLAK J.D., VAN HAAREN B.et al.,Diagnostic de la couverture forestière et des services écosystémiques des Périmètres de Protection Eloignée des Captages d'Eau sur la Grande Terre et l'Ile des Pins en Nouvelle-Calédonie, BLUECHAM SAS/ WWF, Report, 2016.

[AND 18] ANDREOLI R., "Modeling erosion risk using the RUSLE equation", in BAGHDADI N., MALLET C., ZRIBI M.（eds）, QGIS and Applications in Water and Risks, ISTE, London and John Wiley & Sons, New York, 2018.

[BOG 05] BOGAERT J., MAHAMANE A., " Ecologie Du Paysage：Cibler la Configuration et l'échelleSpatiale", Annales Des Sciences Agronomiques,vol. 7, no. 1, pp. 39-68, 2005.

[BOG 00] BOGAERT J., ROUSSEAU R., VAN HECKE P. et al, "Alternative Area-Perimeter Ratios for Measurement of 2D Shape Compactness of Habitats", Applied Mathematics and Computation, vol. 111, no. 1, pp. 71-85, 2000.

[BRA 07a] BRADSHAW C.J., SODHI N.S., PEH K.S. et al, "Global evidence that deforestation amplifies flood risk and severity in the developing world", Global Change Biology, vol. 13, no. 11, pp. 2379-2395, 2007.

[BRA 07b] BRAUMAN K.A., DAILY GC, DUARTE K. et al, "The nature and value of ecosystem services:an overview highlighting hydrologic services", Annual Review of Environment and Resources, vol. 32, pp. 67-98, 2007.

[BRO 16] BROOKHUIS B.J., HEIN L.G., "The value of flood control service of tropical forests:a case study for Trinidad", Forest Policy and Economics, vol. 62, pp. 118-124, 2016.

[BRO 02] BROOKS T.M., MITTERMEIER R.A ., MITTERMEIER C.G. et al, "Habitat loss and extinction in the hotspots of biodiversity", Conservation Biology, vol. 16, no. 4, pp. 909-923, 2002.

[CUR 15] CURT T., BORGNIET L., IBANEZ T. et al, " Understanding fire patterns and fire drivers for setting a sustainable management policy of the New-Caledonian biodiversity hotspot", Forest Ecology and Management, vol. 337, pp. 48-60, 2015.

[DTS 08] DTSI, "Notice de La Classification de L'occupation Du Sol de La Nouvelle Calédonie Par Approche Objet V1.0-2008", available at http:// sig-public..gouv.nc /Notice-Occupationdusol2008-SPOT5-approcheobjet.pdf, 2008.

[FAO 99] FAO, "Manuel de Statistique Pour La Recherche Forestière", avaliable at http:// www.fao.org/ docrep/003/X6831F /X6831f00.htm, 1999.

[FOL 07] FOLEY JA, ASNER GP, COSTA MH et al, "Amazonia revealed :forest degradation and loss of ecosystem goods and services in the Amazon Basin", Frontiers in Ecology and the Environment, vol. 5,no. 1, pp. 25-32, 2007.

[GUI 05] GUILLEMETTE F., PLAMONDTON AP, PREVOST M. et al, "Rainfall generated stormflow response to clearcutting a boreal forest:peak flow comparison with 50 world-wide basin studies", Journal of Hydrology, vol. 302, nos. 1-4, pp.137-153, 2005.

[GYS 05] GYSSELS G., POESEN J., BOCHET E. et al, "Impact of plant roots on the resistance of soils to erosion by water:a review", Progress in Physical Geography, vol. 29, no. 2, pp.189-217, 2005.

[HUR 02] HURD JD, WILSON E.H., CIVCO D.L., "Development of a forest fragmentation index to quantify the rate of forest change", ASPRS-ACSM Annual Conference and FIG XXII Congress, Washington, DC, 2002.

[IBA 13] IBANEZ T., BORNNIET L., MANGEAS M. et al, "Rainforest and Savanna landscape dynamic in New Caledonia:towards a mosaic of stable rainforest and Savanna states?", Austral Ecology, vol. 38, no. 1, pp.33-45, 2013.

[JAF 80] JAFFRÉT., "Étude écologique de peuplement végétal des sols dérivés de roches ultrabasiques en Nouvelle Calédonie"。 Trav. Et doc. De l'ORSTOM, no. 124, p. 274, 1980.

[KEI 03] KEIM R.F., SKAUGSET A.E., "Modeling effects of forest canopies on slope stability", Hydrological Processes, vol. 17, no. 7, pp.1457-1467, 2003.

[KLE 89] KLEIN B.C., "Effects of Forest Fragmentation on Dung and Carrion Beetle Communities in Central Amazonia", Ecology, vol. 70, no. 6, pp. 1715-1725, 1989.

[LAC 17] LACAZE B., DUDEK J., PICARD J, GRASS GIS Software with QGIS, vol. 1, 2017.

[LAU 98] LAURANCE W.F., FERREIRA L.V., RANKIN-DE MERONA J.M. et al, "Rain forest fragementation and the dynamics of Amazonian tree communities", Ecology, vol. 79, no. 6, pp. 2032-2040, 1998.

[LE 02] LE BISSONAIS Y., THORETTE J., BARDET C. et al, L'érision hydrique des sols en France, IFEN / INRA, Report, p. 106, 2002.

[LE 04] LE BISSONNAIS Y., DUBREUIL N., DAROUSSIN J. et al, "Modélisation et cartographie de l'aléa d'érosion des sols à l'échelle régionale", Etude et gestion des sols, vol. 11, no. 3, pp. 307-321, 2004.

[MAR 11] MARESCA B., MORDRET X., UGHETTO A.L. et al., "Évaluation des services rendus par les écosystèmes en France :Les enseignements d'une application de Millennium Ecosystem Assessment au territoire francais", Développement durable et territoires, http：//developpement-durable.revues.org/9053, vol. 2, no. 3, 2011.

[MC 99] MC COY S., JAFFRÉT., RIGAULT F. et al., "Fire and Succession in the Ultramafic Maquis of New Caledonia", Journal of Biogeography, vol. 26, no.3, pp. 579-594, 1999.

[MCG 95] MCGARIGAL K., MARKS B.J., FRAGSTATS：spatial pattern analysis program for quantifying landscpe structure, Technical Report, PNW-GTR-351, p. 122, 1995.

[MIL 03] MILLENNIUM ECOSTSTEM ASSESSMENT, Ecosystems and Human Well-being：Our Human Planet, Report, Washington, DC, 2003.

[MOU 12] MOUHAMADOU I.T., TOURE F., IMOROU I.T. et al., "Indices de structures spatiales des ilots de forêts denses dans la région des Monts Kouffé ", VertigO-la revue électronique en sciences de l'environnement, http ://vertigo.revues.org/13059, vol. 12no. 3, 2012.

[RAH 01] RAHERILALAO M.J., "Effets de la fragmentation de la forêt sur les oiseaux autour du Parc National de Ranomafana(Madagascar)", Revue d'écologie, vol. 56, no. 4, pp. 389-406, 2001.

[RIT 00] RITTERS K., WICKHAM J., O'NEILL R. et al., "Global scale patterns of forest fragmentation", "Conversation Ecology", avaliable at ：http: //www.ecologyandsociety.org/vol4/iss2/art3/, vol. 4, no.2, 2000.

[SMA 01] SMAKHTIN V.U., "Low flow hydrology:a review", Journal of Hydrology, vol. 240, no. 3, pp. 147-186, 2001.

7

使用 QGIS 插件 LecoS 评估景观对生物多样性的影响

Sylvie Ladet，David Sheeren，Pierre-Alexis Herrault，Mathieu Fauvel

7.1　概述

本章中给出了使用景观生态学中一个常用方法的示例说明。该方法基于现有的景观表示形式，即景观土地覆盖描述，主要步骤包括：①计算一组要素；②将这些要素作为根据观察到的生物多样性构建的描述性模型的自变量。本章首先将回顾这种方法的原理。然后，说明使用 LecoS 插件在 QGIS 中的部分实现。最后，用 R 软件完成统计景观类型的统计建模。

7.2　方法原理

景观生态学是一门专注于研究景观时空异质性与环境过程间相互作用的学科 [FOR 86；TUR 01]。在该学科中，景观被视为具有可变维的空间，由斑块（栖息地）、廊道（连接两个斑块，使物种能从一个栖息地迁徙到另一个栖息地）和基质（框架背景，对物种不利因素）组成。受岛屿生物地理学理论[MCA 67]启发，这种斑块-廊道-基质模型随后通过放宽对物种有利空间和不利空间之间的二元论获得发展[SIR 16]。通常可以将景观建模为各种类型斑块的镶嵌，包括空间异质性，它们对生态过程具有不同的影响[DUE 97；SIR 17]。

空间异质性是指两种景观状态的特征：组成和构型[FAH 11]。组成是指斑块的性质及其在景观中的相对丰度（如森林比例）。构型表示斑块的空间组织，它们可以通过各种指标表征，如斑块的聚集或离散程度、空间分布，甚至是形状的复杂性。两个景观可能具有相同的组成，但构型不同（反之亦然），这很可能主导景观对生物多样性的影响（图 7.1）。

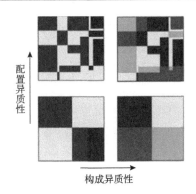

图 7.1　空间异质性的两个组成部分：组成和构型

组成的异质性随各种类型斑块数量的增加（从左到右）而提高。构型的异质性随着斑块组织复杂性的提高（自下而上）而增加（来源：改编自[FAH 11]）

为测量景观异质性对生物多样性的影响，采用了三步地理学方法：①生成景观表示；②计算表征异质性的景观描述子；③建立生物多样性指标与景观描述子之间关系的统计模型。图 7.2 展示了生态学研究人员视角的景观物种转化分析。

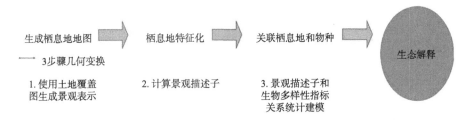

图 7.2　地理信息处理链中景观生态学分析方法和转化的三个步骤

第一步是根据斑块镶嵌模型构建景观表示。在实践中，生态学家通常使用土地覆盖图，认为其命名法适用于所关注的物种（一些归为栖息地）。该土地覆盖图可以通过一组卫星影像的影像判读或分类生成[ING 16]。在此阶段应特别注意，因为土地覆盖图的选择及其空间详细程度和命名法（类别定义，术语数量）会影响景观分析和测量结果。

第二步是计算表征栖息地斑块空间组织的景观描述子（或指标）。这些特征可以在三个分析级别上进行估计：①斑块本身（如面积、紧凑度）；②所属类别，所有相同类型的斑块（如平均周长）；③景观，研究地点范围内斑块的整个镶嵌（如多样性指数）。对于每个级别，都有大量可选的指标，根据所研究的分类单元不同可能对这些指标会有不同的兴趣和选择[GUS 98；UUE 09]。因此，这些指标的选择通常由分析人员决定，取决于他们对物种产状的理解，以及某些指标之间可能存在的相关性[RII 95]。为建立景观物种模型，应该限制使用这些指标的数量[CUS 08]。

第三步是对计算得到的指标与生物多样性指标间的关系进行统计建模。后者通常是分类学上的物种多样性（即物种丰富度）或丰度。物种也可以分为群落，如某些栖息地的特化种（如森林环境中的鸟类）。然后可以考虑使用不同的建模技术——有参数或无参数，以估计景观效果。按照惯例，会使用广义线性模型（GLMs）或广义加法模型[ZUU 09]。但是也可以采用其他较新的机器学习类型方法[WEG 16]，如遥感中也常使用随机森林（RFs）。

7.3 资料和方法

本章的目的是通过综合使用 GIS 软件免费工具，展示提出的分析方法在景观生态学中的可行性，使用的工具包括：

（1）遥感工具 Orfeo Toolbox[①]；

（2）景观描述子计算工具：景观生态学统计（LecoS）[②]；

（3）统计建模工具：R 及其开发接口 R Studio[③]。

建议的三步方法可以使用免费和开源软件 QGIS（QGIS 2.18 Windows）完成，因此，不具备大量遥感和地理信息领域专业知识的用户，可以在不注册软件使用许可证的情况下使用它。

7.3.1 土地覆盖图

7.3.1.1 使用现有土地覆盖图

可以使用 Open Data[④]中可用的土地覆盖图或土地利用图。表 7.1 给出了几种不同主题、空间和时间分辨率的法国地图。所选产品在空间尺度、细节以及土地覆盖类别方面的差别可能会影响分析结果。不同的设置可能会影响景观表征方法和测量效果[MOI 16]。因此，用户应根据其应用需求选择对应的土地覆盖产品。

---

① Orfeo 工具箱（OTB）网址：https://www.orfeo-toolbox.org/, 2020.10.20。

② 景观生态学统计（LecoS）网址：https://conservationecology.wordpress.com/qgis-plugins-and-scripts/lecos-land-cover-statistics/, 2020.10.20。

③ R 开发核心团队（2008）。R 为一种用于统计计算的语言和环境。http://www.R-project.org, 2020.10.20。最好在安装 R Studio 之前先安装 R：http://www.rstudio.com/products/ rstudio/download/, 2020.10.20。

④ 开放数据：开放数据使您可以自由使用，修改和重新分配数据，特别是那些由公共资金资助的数据。它的目标是免费和通用，通过 Internet 传播原始的公共或私人数据（www.ist.agropolis.fr, 2020.10.20）。

表 7.1　法国部分土地覆盖图的特征比较

参数	Corine 土地覆盖[①]	OCS GE[②]	OSO[③]
可用年份	1990/2000/2006/2012	2013	2016
类的总数	44	14	17
更新间隔	6 年	3 年	1 年
最小采集单元	250000m²（25hm²）	城市地区为 500m²，农村地区为 2500m²	10m 的像素
生产者	EEA(UE)-Copernicus/CGDD-SOES	IGN	Theia-Cesbio

7.3.1.2　制作土地覆盖图

这部分在本书的其他章节有详细介绍；因此，这里只做一个简短的回顾。

根据影像构建土地覆盖图的一般原理是对这些影像进行自动分类。有几种方法可以实现分类，但是通常采用监督学习方法（利用先验知识）。为此，需要预先定义主题类别的数量和性质。在景观生态学方法中，必须与生态学家协商再做出选择，以获得与该物种栖息地相符的表示。如上所述，应选择适当的空间分辨率和采集日期，以便可以区分类别。通常，选择两个日期便足以获得非常简单的土地产品（如一个日期在冬季，另一个日期在春季或夏季，以区分落叶林和针叶林）。若希望能分离夏、冬季作物（甚至是不同类型的种植），则有必要参考研究区域的栽种日历，选择更多不同日期的影像。

可以考虑根据影像构建土地覆盖图，需要经历以下步骤[④]：

（1）选择和下载影像；

（2）根据影像校正级别进行潜在的预处理；

（3）拼图/镶嵌（如有必要，取决于每个影像所覆盖范围）；

（4）参考数据采样：构建训练和验证数据集[通常来自实地调查，但这些参考也可以来自影像判读或类似法国地块识别系统（RPG）[⑤]的辅助资料]；

（5）分类：在整个研究区域上训练模型和投影；

（6）验证：计算统计指标（总体精度、Kappa 系数、F-score、赤字率和盈余率）；

---

① 下载链接：http://www.statistiques.developpement-durable.gouv.fr/clc/fichiers/，2020.10.20。

② 下载链接：http://professionnels.ign.fr/ocsge，2020.10.20。

③ 下载链接：https://www.theia-land.fr/fr/produits/occupation-sols，2020.10.20。

④ 可在以下地址获得有关如何实施分类过程的教程：https://www.youtube.com/watch？v=L9KcbbJUuCw&t=33s，2020.10.20。

⑤ 来自共同农业政策 CAP 的地理数据可在以下网址获得：https://www.data.gouv.fr/fr/datasets/registre-parcellaire-graphique-rpg-contours-des-ilots-culturaux-et-leur-groupe-de -cultures-majoritaire/，2020.10.20。

（7）潜在的后处理：应用正则化空间过滤器删除孤立像素（多数表决或筛选）。

现在有许多用于监督学习的算法。目前最常用的分类器包括支持向量机[MOU 11]或随机森林[PEL 16]，它们通常可以提供最佳结果。

7.3.2 定义相关景观描述子

7.3.2.1 选择指标

景观表征可以通过计算描述子进行定量分析。它们根据以下因素而有所不同：

（1）研究地点区域（范围）。通常，"景观"对应于一个由缓冲区覆盖的面积，该缓冲区以生物观察点为中心根据固定距离创建。距离值取决于物种的扩散能力。

（2）地图制图表达精度（即细节水平、空间分辨率或"粒度"）。

（3）主题分辨率：根据所研究物种（可能需要上游潜在的类别分组）选择的土地覆盖类别的数量。

如7.2节所述，这些描述子既可以表征景观的构成，又可以表征其空间组织。此外，可以在不同的分析级别（从斑块到景观）进行计算。

有两种方法可以选择相关描述子。第一种是探索法，可以计算大量的描述子，然后通过选择变量衡量它们的相关性。第二种通过假设并依靠生态理论和物种相关知识，会限制需要计算的描述子数量。

7.3.2.2 计算指标

有几种工具可用于计算景观描述子，最早广泛使用的是 Fragstats 软件[MCG 12]。还有由 INRA[①]雷恩（Rennes）分院开发的 Chloe2012 软件[BOU 14]。关于这些工具更全面的综述可以在[STE 09]中找到。

本章中，使用 QGIS 软件套件的插件 LecoS 计算各种指标（表7.2）。可用指标比 Fragstats 建议的数量少得多，但更加常用。LecoS 可应用于景观或更小单元尺度（规则网格、感兴趣多边形）。开始分析前，可以导入包含这些外接区域的图层（景观矢量叠加）。景观地图（输入数据）必须为栅格格式。

表 7.2　LecoS 插件中计算的指标特性

指标	特征
描述子类型	面积描述子、密度描述子、形状描述子、多样性描述子
分析级别	类（所有相同性质的斑块）和景观（所有类型的斑块）

---

① 法国国家农业研究院（Institut National de la Recherche Agronomique）。

续表

指标	特征
分析范围	全局景观、不规则或规则网格、感兴趣的区域等
输入数据	土地覆盖图栅格–感兴趣区域的矢量
输出数据	矢量图层属性表或 CSV 文件
兴趣点	免费–QGIS 插件–感兴趣区域的不同格式矢量数据–QGIS 直接制图结果
局限性	计算出的少量描述子、仍在开发中、没有大量文档

注：一些可计算的描述子（约 20 个）描述了景观的组成（元素的多样性和丰度）和构型（元素的空间特征和分布），其灵感来自于 Fragstats 软件

7.3.3　统计建模

对处理链结果进行的统计分析旨在评估景观对生物多样性指标的影响。本案例中，基于回归模型，特别是 GLM，使用了简单的多元建模方法。与经典线性模型（LM）不同，后者假定因变量（或误差）服从正态分布，而 GLM 则可以通过链接函数考虑其他分布，如二项式或泊松分布。

估计模型参数后，可通过固定的显著性水平 α 对应的参考 P 确定对因变量有重大影响的自变量（可能拒绝原假设 H_0：无显着影响）。通常，显著性水平固定为 5%。如果 $P<0.05$，认为测试有效。

除了每个变量的影响，还可以通过计算自变量方差分量评估模型拟合的质量。它说明了模型的性能，但不能指示其预测能力[SHM 10]。通过在部分样本数据上建模并在其余部分进行测试（或如果样本量有限，则进行交叉验证），可以获得预测性能。通过比较观察值和预测值，可以估计均方差，或估计值与预测值间的相关系数推断其预测性能。

最后，当有很多自变量时，可以考虑减少其数量以降低模型复杂性（简约原则）。消除共线变量的经典解决方案是使用 Akaike 信息准则（AIC）[AKA 87]：

$$\text{AIC} = -2\ln L + 2k \tag{7.1}$$

其中，L 为最大似然性；k 为模型中参数的数量。

在此准则下（当 $n/k<40$ 时有效，n 为观察数），模型的偏差 $-2\ln L$ 受到 k 引入变量数的影响。那么"最佳"模型就是当 $\Delta \text{AIC} > 2$ 时具有最低 AIC 的模型。如果不是（$\Delta \text{AIC} \leq 2$），则认为模型是等价的。

本章参考[SHM 10，ZUU 10]或[GUI 00]，详细研究根据该方法进行统计建模的方法（包括模型的应用条件）。该步骤的实际实现使用 R 软件（版本 3.1.1）及其开发接口 R Studio 执行。

7.4 处理链应用：景观对森林鸟类多样性的影响

这里给出了实现上述方法的一个实例，使用了研究鸟类多样性相关的一组数据。这些数据（在以下各节中描述）包括：

（1）研究区域矩形（使用 Lambert 93 投影的矢量图层：rectangleStudySite_Coteaux.shp）；

（2）2016 年以来的鸟类定位点数据（使用 Lambert 93 投影的矢量图层：50PointsCountsBirds_Coteaux.shp；

（3）2016 年以来的法国土地覆盖图（使用 Lambert 93 投影的栅格 OCS_2016_CESBIO.tif 及相关 tfw 文件）。

7.4.1 "鸟类"数据和自变量

众所周知，繁殖鸟类群落是景观演化的后续指标。INRA（Dynafor 实验室）的鸟类学家在 Aurignac 村（43°13'02.76"N；0°52'53.80"E）附近的法国西南站点研究了这些群落 40 年的演化，其目的是更好地理解空间格局如何影响物种和群落的空间分布。

为说明这种方法，本章将使用在这项长期生态研究中进行的鸟类学调查。他们的生物学数据可追溯至 2016 年的森林鸟类物种。数据通过采用[SPI 74]更新后的点计数方法（即简单的准时抽样方法 EPS）获得。该方法可在春季（繁殖季节）通过鸟类的歌声确定鸟类在周围环境中的位置。鸟类数据来自 5 月每天 6 点至 11 点鸟声活动高峰期的 20 分钟点数，大风和降雨时除外。他们使用 250m 的点数半径计算每个物种的存在/不存在和丰度，该半径对应于大多数雀形目鸟类物种的归巢范围[RAI 07]。根据这些研究，为每个点数计算出诸如森林鸟类的物种丰富度（即不同森林物种的数量）等指标。最后获得一张由行（n=50）和列表示的点数表格，每种森林物种的丰度（每个物种一列）以及衍生的特定丰富度。

7.4.2 "景观"数据和自变量

这里选择使用由 Theia 中心（http://www.theia-land.fr/, 2020.10.20）提供的 2016 年法国大都市土地覆盖图（OSO 产品）。这个国家中心旨在向用户提供增值产品，特别是地球观测数据。该地图是空间分辨率为 10m 的栅格，由 18 个主题类组成（表 7.3，图 7.3）。

表 7.3　OSO 2016 地图的类名称和关联编码

序号	类名称	关联码	序号	类名称	关联码
1	夏季作物	11	10	工业和商业区	43
2	冬季作物	12	11	道路	44
3	落叶林	31	12	矿物表面	45
4	针叶林	32	13	海滩和沙丘	46
5	草原	34	14	水体	51
6	山地牧场	35	15	冰川或雪	53
7	木头沼泽	36	16	牧场	211
8	城市	40、41	17	果园	221
9	分散的城市	42	18	藤	222

图 7.3　OSO 2016（43°16'23.24″　N；　0°48'05.75″ E）法国土地覆盖图，面积为 17km²
相关名称参见表 7.3 和 http://osr-cesbio.ups-tlse.fr/~oso/ui-ol/S2_2016/layer.html, 2020.10.16。该图的彩色版本参见 www.iste.co.uk/baghdadi/qgis3.zip, 2020.10.16

OSO 2016 产品完全根据 2015 年末至 2016 年底间采集的数据以及来自 Sentinel-2 传感器的影像自动制成，并补充了来自 Landsat-8[①]传感器的影像[ING 17]。它的总体质量统计为：系数 Kappa[②] = 0.871，总体精度（OA）[③] = 0.889。由于本案例只关注景观对森林鸟类物种丰富度的影响，因此将土地覆盖图简化为二值图（森林/无森林）。对于该分类，F-score（平均召回率和精度）估计值大于 0.9。对于二值图，已经为与点数（半径=250m 的缓冲区）关联的每个圆计算了景观描述子。在 LecoS 中选择六个描述子测量组成（表示为 COMP）和构型（CONF）的异质性（表 7.4）。

也可以不使用土地覆盖图，而是直接使用影像的光谱波段或其衍生物（如归一化植被指数）度量景观效果。[SHE 14]采用的即是这种方法。

不同的指标值具有不同的数量级和单位（%、m²、无单位）。为直观地分析这六个指标在图表中采样点的投影，可以使用雷达图，注意对指标值进行归一化（比

---

① 参阅在线归档程序的详细信息：http://osr-cesbio.ups-tlse.fr/~oso/, 2020.10.20。

② Kappa：改正随机性影响后对应正确率（OA）的统计指标。

③ OA：总体准确度或总体精度，给出了正确分类像素的总数。

199

例最大值的百分比）。

表 7.4　案例研究选择的六个指标

指标	描述	异质性
土地覆盖	每个缓冲区中相同类别斑块所占的面积（以地图为单位）	COMP
景观比例	每个缓冲区中相同类别斑块所占的比例（以%为单位）	COMP
NP	相同类别的斑块数量	CONF
LPI	占主导地位斑块的指数，对应于该类最大斑块面积与缓冲区总面积之间的关系。指数值介于 0%（较大尺寸，较小斑块）和 100%（由较大尺寸的斑块组成的景观）之间	CONF
ENN_MN	到同一类别斑块的最短距离平均值。距离从边缘到边缘，从像素中心估计的。随着最近邻近距离的减小，ENN_MN 的值接近 0。它的最大值没有限制，与所研究站点的尺寸有关	CONF
SHDI	Shannon 多样性指数。当景观由单个斑块组成时，该指数值为 0。该指数值随土地利用类别的数量或类别间面积规则分布而增加	COMP

7.4.3　在 QGIS 环境中的实现

下面介绍在 QGIS 和 R 软件下该方法的实现。以下各章节中关于图的彩色版本参见 www.iste.co.uk/baghdadi/qgis3.zip, 2020.10.20。

1. 准备研究区域输入数据

（1）以鸟类点计数为中心创建半径为 250m 的圆形缓冲区：

Menu Vector → Geoprocessing Tools → Fixed distance buffer。

a. 输入图层：50PointsCountsBirds_Coteaux.shp；

b. 距离：250；

c. 缓冲区（输出）：Buffer_r250m_50PointsCountsBirds_Coteaux.shp。

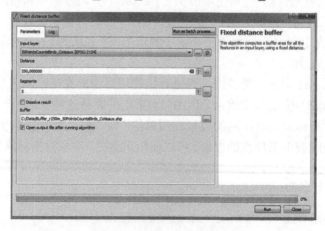

（2）根据 107km²矩形研究场地的边界，裁剪土地覆盖图 2016：

Menu Raster → Extraction → Clipper。

a. 输入文件（栅格）：OCS_2016_CESBIO.tif；

b. 输出文件：rocs2016.tif；

c. 掩膜图层（矢量）：rectangleStudySite_Coteaux.shp。

保留其他默认设置。此外，可以在 GUI 看到 gdal 命令运行。

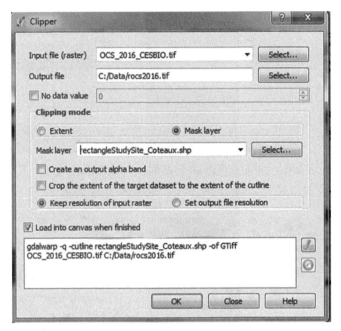

（3）将裁剪后的土地覆盖图重新分类为森林/非森林两类：Menu Raster → Raster calculator。

a. 选择要重新分类的图层（栅格）：rocs2016.tif；

b. 输出图层（栅格）：FNFrocs2016.tif；

c. 表达式：

[（"rocs2016@1" >= 31 AND "rocs2016@1" <= 36）* 1 + （"rocs2016@ " != 31 OR "rocs2016@1"! = 32 OR "rocs2016@1" ! = 34 OR "rocs2016@1" ! = 35 OR "rocs2016@1"! = 36）* 2]

这样，所有值在 31~36 之间的像素将被重新分类为 1（森林），其他像素设置为 2（非森林）。

其他设置可以保留为默认设置。

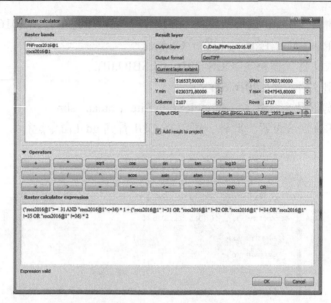

（4）查看输出，并确保获得两个类别：森林用黑色表示，其他类别用白色表示。也可以叠加半径为 250m 的鸟类点计数图层和圆形缓冲区。

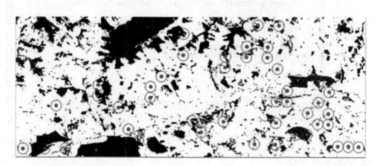

2. 计算所需的景观描述子

（1）在 QGIS 中安装 LecoS 插件：Menu Plugins → Manage and install plugins，搜索 LecoS 并激活。

（2）启动 LecoS 模块并选择模型：Menu Raster → Landscape Ecology → Landscape vector overlay。该模块可以计算缓冲区的度量，并将值保存在矢量图层属性表中。

（3）在工具窗口中（1）多边形叠加批处理中，输入：

a. 景观图层（输入）：栅格 FNFrocs2016.tif；

b. 覆盖网格：Buffer_r250m_50PointsCountsBirds_Coteaux.shp。

（4）在工具窗口（2）中，参数如下：

分析级别：此处的设置是类别，尤其是森林（类别1）的设置。

（5）在窗口（3）中，度量标准是（参见表7.4）：

森林面积（土地覆盖），森林斑块所占的比例（景观比例 LP），斑块数量（NP），优势指标斑块（LPI），对于"森林"和"非森林"类别，同一类别到斑块较短距离的平均值（ENN）。

（6）在窗口（4）中，指定是否要在新列中导出。

Buffer_r250m_50PointsCountsBirds_Coteaux.shp 的矢量图层属性表中的值。

第一次通过后，重新启动多边形叠加批处理工具，计算整个景观中的 Shannon 多样性指数（SHDI）（使用相同的输入数据）。

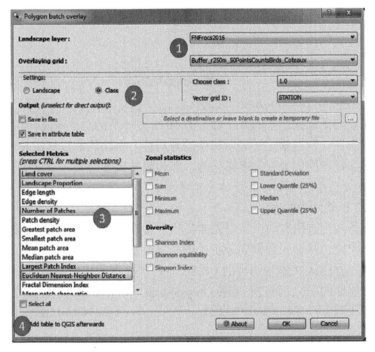

可以在雷达图中表示景观描述子（对于"森林"类）的值。指标以比例因子最大值的百分比%进行标准化（即从0降低到100），以进行比较。

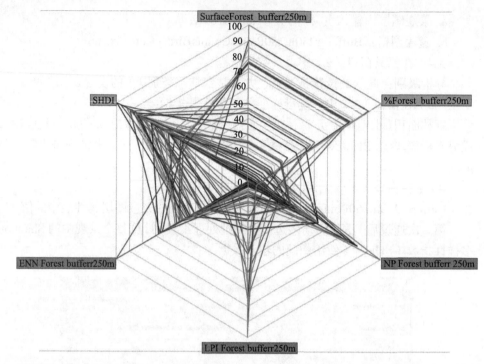

解释：

应该注意到景观描述子的 6 个轴上的 50 个点计数的总体概况，蓝色描述子表示组成的异质性，紫色描述子表示构型的异质性。平均轮廓以红线表示。平均而言，这里的采样点周围景观是多样化的，森林数量梯度很大。

3. 在 R 软件中为鸟类与景观的关系建模

1）导入 R 软件中的库

实现此景观生态研究前，需要先加载几个 R 软件包。这些功能可以轻松重现分析的各个阶段，从输入数据到分析景观变量对森林鸟类物种丰富度的影响。这些软件包可以直接从 R 编程语言的 CRAN 软件包档案网络中安装，也可以通过下载位于以下地址的 zip 文件进行安装：https://cran.r-project.org/package，2020.10.20。

```
rm(list=ls())# to erase all objects existing in R before
running R code to come
>library(MASS) # to install library MASS、
>library(ggplot2) # to install library ggplot2
```

2）导入数据表

第一步是在 R 软件中导入数据表。有两个文件可用。birds_forests.csv 文件包含鸟类数据（参见 7.4.1 节），而 landscape.csv 文件包含景观描述子。要导入这些文件，可以直接在软件控制台中运行以下命令。

```
data0 = read.csv("birds.csv", head = TRUE)
```

```
dataP = read.csv("landscape.csv", head = TRUE)
```

通过一些简单的命令即可获取不同数据集的统计信息：

```
>nrow(dataO)  #  number of points counts of birds
50
>mean(dataO$Richness)  #  average of species richness
7.6
>sd(dataO$Richesse)  #  deviation of species richness
2.5
>sum(dataO$Abundance)  #  number of individuals identified
total
1029
>mean(dataP$SurfaceForest_bufferr250m)  #  average of forest
surface
50000
>sd(dataP$SurfaceForest_bufferr250m)  #  deviation of forest
surface
61084.31
```

一些观测值：

通过 50 个点的计数，共鉴定了属于 20 个物种的 1029 个个体。平均物种丰富度为 7.6（±2.5），而每个点周围 250m 半径内的平均林木面积则为 50000（±61084）m²。

3）共线性变量的提取

构建回归模型前，请检查自变量之间的相关性。引入因变量会导致产生对小变化（高方差）敏感的偏差模型。同样，可能无法检测到某些变量的影响或难以评估它们的相对影响[DOR 13]。为检查这种依赖性，可以计算 Spearman 等级相关系数（景观变量之一，不满足计算 Pearson 系数的正态性假设）。如果某些变量有 70% 以上相关性[DOR 13]，则删除多余的变量。否则（$\rho<0.7$），可以将它们存储起来以备后用。

变量之间的 Spearman ρ 估计描述如下：

```
# Pearson and Spearman correlation? Verification of the hy
pothesis of
normality for each of the variables with the test of Shapi
ro. SHDI
example.
> shapiro.test(dataP$SHDI)
                  Shapiro-wilk normality test
data: dataP$SHDI
W = 0.94385, p-value = 0.01918
# Calculation of the matrix of correlations between variab
```

```
les using the Spearman coefficient
> df = data.frame(dataP$SHDI,
            dataP$SurfaceForest_bufferr250m,
            dataP$LP_Forest_bufferr250m,
            dataP$NP_Forest_bufferr250m,
            dataP$LPI_Forest_bufferr250m,
            dataP$ENN_Forest_bufferr250m)
> colnames(df) = c("SHDI","Surface","LP","Nb_Patch","LPI",
"ENN")
> cor(df, method = « spearman »)
SHDI      Surface      LP      Nb_Patch      LPI         ENN
SHDI  1.00000000    -0.03471789    -0.03471789    0.6515546
-0.06948379   0.3437913
Surface   -0.03471789   1.0000000    1.00000000    -0.2012701
0.98905162   -0.4264552
LP -0.03471789 1.00000000 1.00000000  -0.2012701 0.98905162
-0.4264552
Nb_Patch 0.65155456   -0.20127010   -0.20127010    1.000000
-025249370  0.5703133
LPI    -0.06948379    0.98905162    0.98905162    -0.2524937
1.00000000   -0.4278024
ENN  0.34379130    -0.42645518    -0.42645518    0.5703133
-0.42780244  1.0000000
```

解释:

Shapiro 测试可以检查传入参数（此处为 SHDI）变量分布的正态性。该检验的假设 H_0 是分布服从正态分布。因此，如果检验有效（$P<0.05$），则 H_0 被拒绝。这意味着分布不遵从正态性，这里的变量 SHDI 就是这种情况（$P=0.019$）。因此，选择 Spearman 的等级相关性。

相关性矩阵显示，超出建议的阈值 0.7，面积（Surface），LP 和 LPI 变量高度相关。这似乎合乎逻辑，因为一方面，可以聚合类别以获取二值地图，另一方面，最大森林的斑块面积接近缓冲区中森林的总面积。因此，这里决定取消 LPI 和 LP 变量，仅保留分析中的面积，斑块数量（NP）和度量标准 ENN。

4）选择变量和构建解释模型

在此阶段，通过 GLM 评估由森林鸟类特定丰富度选择的景观变量的影响。在回归模型中，人们常常试图在要使用的变量数量和模型与数据的拟合质量之间找到折中方案。具体来说，通过检查模型的调整和复杂性寻找偏差和方差之间的平衡。如前所述，可以根据 AIC 标准完整模板（包括所有变量）选择最简约的模型。因此，在解释最简约模型用到的每个变量的影响前，将继续进行模型选择。为此，使用所有可用数据集（构建解释模型的情况）。此外，由于理论上的面积与物种之间的关系遵循幂定律（对数变换使其具有线性关系），因此将 Surface 变量转换为对数（面积）形式[CON 79]。

```
# To build a table containing the variable response
(speciesrichness)
> Y = data.frame(dataO$ID,datao$Richness)
> colnames(Y) = c("ID","Richness")
# To build a table containing the explanatory variables
> X = data.frame(dataP$ID,dataP$SHDI, dataP$SurfaceForest_
bufferr250m,
dataP$NP_Forest_bufferr250m, dataP$ENN_Forest _bufferr250m)
> colnames(X) = c("ID","SHDI","Surface","Nb_Patch","ENN")
> SET = merge (X,Y,by="ID") # Assembly of the 2 tables
# Construction of the full GLM model where we seek to expl
ain the variable Richness based on the independent landscape
variables. The distribution of the response variable is assumed
to follow a Poisson
law (case of a count - link log).
> mod . glm(Richness - SHDI + log(Surface) + Nb_Patch + EN
N, family ="poisson", data = SET)
# Selection of the most parsimonious model from the model
incorporating all the variables (the interpretation
is given later)
> stepAIC(mod)
step: AIC=215.45
Richness - log (Surface)
                Df  Deviance  AIC
<none >          20.192   215.45
- log (Surface)  1   43.811   237.07
Call: glm(formula = Richness - log (Surface), family =
"poisson",
data = SET)
```

```
Coefficients:
  (Intercept)    log (Surface)
      0.5083           0.1522
Degrees of Freedom: 49 Total (i.e. Null); 48 Residual
Null Deviance:        43.81
Residual Deviance: 20.19        AIC: 215.5
# Construction of the GLM corresponding to the previous
result
(stepAIC) thus including the variable log (Surface)
> mod_select = glm(formula = Richness - log(Surface), family
="poisson", data = SET)
# You can now get all the parameters of the model:
> summary(mod_select)
Coefficients:
              Estimate    Std. Error    z value    Pr(>|z|)
(Intercept)  0.50829    0.33034       1.539      0.124
log(Surface) 0.15224    0.03203       4.753      2.01e-06 ***
--
Signif. codes: 0 '***' 0.001 '**' 0.01 '*' 0.05 '.' 0.1 ' ' 1
(Dispersion parameter for poisson family taken to be 1)
    Null deviance: 43.811  on 49   degrees of freedom
Residual deviance: 20.192  on 48   degrees of freedom
AIC: 215.45
Number of Fisher Scoring iterations: 4
# Calculation of Pseudo R2
> D2 <- (mod_select$null.deviance - mod_select$deviance)/
Mod_select$null.deviance
> D2
[1] 0.5391106
```

解释：

使用 AIC 标准选择最简约模型导致仅保留 1 变量 Surface。因此，模型 Richness-log（Surface）是模型解释的方差比例和所使用的自变量数量之间的最佳折中方案（AIC=215.45）。因为隐式使用与泊松分布关联的对数函数类型链接作为因变量，所以它不是丰富度，而是更准确地说是 log（丰富度），它是 log（面积）的线性函数。

如果分析此模型的参数，可以看到 y（截距）值为 0.508，与变量 log（面积）相关的回归系数为正值，且值为 0.152。即变量 log（面积）对林木鸟类的丰富度具有积极影响：其增加得越多，丰富度越高。此效果非常重要（P 值接近零）。

summary 函数还提供模型偏差（即达到完美拟合的间隙）相关信息。完全适应数据的模型是参数与观测值数量相同的模型：它是一个饱和模型。相反，不包含自变量（如果不是常数）的模型对应于空模型。通常，偏差 D 之间的对数似然性（L）差距等于饱和模型之间的对数似然性（L）差距乘以一个比例因子 2：

$$D = D_{\mathrm{residual}} = 2\left(L_{\mathrm{sat}} - L\right)$$

这就是所谓的残余偏差。零偏差对应于饱和模型与零模型之间的对数似然性差距：

$$D_{\mathrm{null}} = 2\left(L_{\mathrm{sat}} - L_{\mathrm{null}}\right)$$

拟合的模型是具有低残余偏差的模型。这里，此残余偏差值为 20.19（48 个自由度–2 个参数），而偏差为零（49 个自由度–1 个参数）时则为 43.81。自由度的数量对应观测值数量（本例中为 50）与参数数量之差。根据这些指标，可以计算出伪 R^2（或 D^2），如下所示[GUI 00]：

$$D^2 = \frac{D_{\mathrm{null}} - D_{\mathrm{residual}}}{D_{\mathrm{null}}}$$

本例中，这个数是 0.539。该指标大致等同于 R^2，通常用于简单线性回归（LM）：根据森林面积构建的模型约占森林鸟类物种丰富度的 54%。

```
# See the effect of the explanatory variables (i.e. log(Su
rface)) on the variable response (richness in forest birds)
> termplot (mod_select, partial.resid=TRUE,se=TRUE,
col.term='black',col.se='black',xlab ="log(Surface)",ylab=
"Partial residues")
```

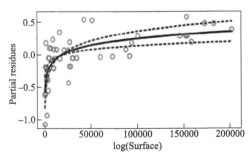

上图展示了模型的变量 log（面积）的部分残差（观察值–预测值）轨迹。

5）衡量模型的预测能力

分析的最后一步是估计模型的预测能力：如果在新数据集上应用估计模型，那么预测的质量如何？为此，不使用所有观测值构建模型（解释性模型的情况下），而仅使用观测值的一部分，以便对独立样本进行模型测试。鉴于观测结果数量有限，使用留一法进行交叉验证。此过程中，移除单个观测值用于测试（验证），将其他观测值用于估计模型。重复此（退出）选择，重复次数与观察值数量相同（本例中为 50）。然后，通过计算误差平均值或观察值与预测值之差的平均值估算预测性能。还可以计算平均二次方差或预测值与观察值之间的相关性。

```
# Creation of a vector to accommodate the predicted values
> Richness_predicted = vector (mode="numeric", nrow (SET))
# Construction dataset of calibration and test
# Estimation of a linear model from the calibration set
# Projection of the model on the test dataset
> for (i in 1:nrow(SET)){
+   calib=SET[-i,]
+   eval=SET(i,]
+   mod_calib = glm (Richness ~ log(Surface), data = calib,
family="poisson")
+   R_pred = predict (mod_calib,eval, type = "response")+
Richness_predicted [i] = R_pred]
> Richness_observed = SET$Richness
error_mean = > mean (abs(Richness_predicted -Richness_obse
rved))
[1] 1.385949
# Scatter plot between predicted richness and observed ric
hness
> tablePlot = data.frame(Richness_observed, Richness_predi
cted)
> qplot (Richness_observed, Richness_predicted, data = tab
lePlot)
+geom_smooth (method=lm, se=FALSE,color = 'dimgray',size =
 0.5)
```

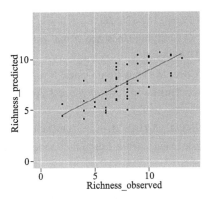

平均预测误差等于 1.39（所以预测的森林鸟类物种比实际多 1）。

7.5 致谢

作者要感谢鸟类学研究总监 Gérard Balent 和 Dynafor 实验室的鸟类学技术专家 Laurent Raison 授权我们在本研究中使用航空动物数据样本。

7.6 参考文献

[AKA 87] AKAIKE H., "Factor analysis and AIC", Psychometrika, vol. 52, pp 317-332, 1987.

[BOU 14] BOUSSARD H., BAUDRY J., Chloe212: a software for landscape pattern analysis, available at: http://www.rennes.inra.fr/sad/Outils-Produits/Outils-informatiques/Chloe, 2014.

[CHA 76] CHATFIELD C., GOODHARDT GJ., "The beta-binomial model for consumer purchasing behavior", in FUNKE U. (ed.), Mathematical Models in Marketing, Springer, Berlin, Heidelberg, 1976.

[CON 79] CONNOR EF., MCCOY ED., "The statistics and biology of the species-area relationship", American Naturalist, vol. 113, no. 6, pp. 791–833, 1979.

[CUS 08] CUSHMAN S., MCGARIGAL K., NEEL M., "Parsimony in landscape metrics: strength, universality, and consistency", Ecological Indicators, vol. 8, no. 5, pp. 691-703, 2008.

[DEC 04] DECAMPS H., DECAMPS O., Au printemps des Paysages, Buchet-Chastel, Paris, 2004.

[DOR 13] DORMANN F.C., ELITH J., BACHER S. et al., "Collinearity: a review of methods to deal with it and a simulation study evaluating their performance", Ecography, vol. 36, pp. 27-46, 2013.

[DUE 97] DUELLI P., "Biodiversity evaluation in agricultural landscapes: an approach at two different scales", Agriculture, Ecosystems and Environment, vol. 62, pp. 81-91, 1997.

[FAH 11] FAHRIG L., BAUDRY J., BROTONS L. et al., "Functional landscape heterogeneity and animal biodiversity in agricultural landscapes", Ecology Letters, vol. 14, pp. 101-112, 2011.

[FOR 86] FORMAN R.T.T., GODRON M., Landscape ecology, Wiley, New York, 1986.

[GUI 00] GUISAN A., ZIMMERMANN N.E., "Predictive habitat distribution models in ecology",

Ecological Modelling, vol. 135, pp. 147-186, 2000.

[GUS 98] GUSTAFSON E.J., "Quantifying landscape spatial pattern: what is the state of the art?", Ecosystems", vol. 1, pp. 143-156, 1998.

[ING 16] INGLADA J., "Land Cover Mapping from Optical Images", in BAGHDADI N., ZRIBI M., (eds), Land Surfaces Remote Sensing in Agriculture and Forest, ISTE Press Ltd, London and Elsevier Ltd, Oxford, 2016.

[ING 17] INGLADA J., VINCENT A., ARIAS M. et al., "Operational high resolution land cover map production at the country scale using satellite image time series", Remote Sensing, vol. 9, no. 95, 2017.

[LAN 05] LANCELOT R, LESNOFF M., Sélection de modèles avec l'AIC et critères d'information dérivés, available at ftp://ftp.cirad.fr/pub/group-r/groupe-r/Fiches/AIC_ v3.pdf, 2005.

[LE 13] LE REST K., Méthodes statistiques pour la modélisation des facteurs influençant la distribution et l'abondance de populations: Application aux rapaces diurnes nichant en France, PhD thesis, University of Poitiers, 2013.

[MAC 67] MACARTHUR R.H., WILSON E.O., The Theory of Island Biogeography, Princeton University Press, Princeton, 1967.

[MCG 12] MCGARIGAL K., CUSHMAN S.A., ENE E., FRAGSTATS V4: Spatial Pattern Analysis Program for Categorical and Continuous Maps, University of Massachusetts, Amherst, available at: http://www.umass.edu/landeco/research/fragstats/fragstats.html, 2012.

[MOI 16] MOISJA K., UUEMAA E., OJA T., "Integrating small-scale landscape elements into land use/cover: the impact on landscape metrics' values", Ecological Indicators, vol. 67, pp. 714-722, 2016.

[MOU 11] MOUNTRAKIS G., IM J., OGOLE C., "Support vector machines in remote sensing: a review", ISPRS Journal of Photogrammetry and Remote Sensing, vol. 66, pp. 247-259, 2011.